超圖解

問題分析、解決與決策管理

企業解決問題×打造高績效×提升決策精準度
→經營成功企業的核心關鍵

戴國良 博士 著

幫公司解決問題，讓自己加薪！

五南圖書出版公司 印行

作者序言

本書緣起

轉任教職之前，在公司做事或開會時，經常聽到老闆如此詢問或責罵部屬：

「為什麼沒有提早發現問題？」

「連問題分析都不夠完整徹底，見樹不見林？」

「為何提不出好的解決方案？」

「你們現在要怎麼解決？」

「往後公司應如何建立制度化，來防止類似問題再出現？」

「為什麼問題這麼嚴重了，才告訴我？」

「限你們三天內，找出原因及對策，否則都要受懲處。」

後來，我回想十多年的工作經驗，並且翻看工作筆記本，那裡記載著過去任職的幾家公司，那些大老闆的經營智慧。仔細深思，其實這些不就是「問題分析與解決」這句話，可以概括的嗎？

過去我曾在工廠、在門市店面、在國外先進企業參訪，在臺北總公司開會或在海外分公司開會，這些畫面彷彿像昨日一樣的清晰，同時也讓我擁有了珍貴的實務經歷。

我多年來一向會閱讀各報章雜誌，故會定期購買日文企管書籍，曾在多年前上網查日本出版社的網站，不經意，看到一本剖析「問題解決力」書籍，竟然在兩年內，再版 35 刷，賣的非常暢銷，極受上班族歡迎。

看到市場的潛在需求，聽到學生及上班族們熱切的心聲，我決定著手撰寫這本我個人史無前例，也是我先前未曾看過或想過的一本書。於是，從資料蒐集、參考分析、架構建立、大綱內容確立，找出過去的工作日記本，再加上不斷回憶以往的實務經驗，終於完成此書。

本書的特色

第一：架構完整、內容豐富、觀點多元，理論兼具實務。

本書參考近 10 本日本書籍，3 本美國書籍，以及我個人十多年的工作經驗。可說是最具架構完整、內容豐富、觀點多元，且理論及實務兼備的一本討論問題分析與解決的商學書籍。

第二：本書內容儘可能採用圖示方式，以收一目瞭然之效。

本書寫作風格簡要。因為作者曾受到很多大老闆訓練，要求各種報告書或簡報案，均應力求以圖形及表格來呈現。再則，講述的內文重點，用冗長文字說明是最差的表現方式，圖示法反而是一種上乘的撰寫力，遠比文字描述，更為不易。

第三：本書不僅告訴讀者如何發現問題、分析問題與解決問題，更強化必須具備的企管與商業基本知識及概念。

本書為何如此重要

各位讀者如果當過上班族，將會知道除了每個部門日常的營運活動，企業經常面臨新問題發生與新計劃推動，無法每天太舒服的過日子。經常會因外部環境與內部環境不斷變化，帶來的強力衝擊，這些都會影響企業的生存、發展及營運績效。企業如果不能妥善解決問題，或是因應對策不夠有效，那麼企業的獲利及競爭力就會日趨下滑，對上市上櫃公司而言，將會進一步導致公司股價及總市值衰退與不振，這是很嚴重的課題及挑戰。這顯示本書的重要價值所在。

本書是作者詳讀日本及美國十多本相關的書籍，經過消化、重寫、改寫與吸收之後，再配合過去十多年的實務經驗，融合而成。最重要的是希望各位讀者能夠從本書的架構內涵、工具、觀點及做法，得到真正的吸收與運用。我「行銷知識」，希望您們能「購買知識」，然後成為「自己的知識」。

本書給誰看

本書主要提供給廣大的上班族閱讀參考之用。不管是基層員工、中階幹部或高階主管，甚至是老闆們，都應該深入閱讀。

一般來說，年輕的基層員工，有理論、有知識，但缺乏經驗：年近不惑的中高階幹部們，雖有經驗，但較缺乏理論、分析、邏輯與新知。本書內容恰是具理論與實務的內涵。

各大學院校的管理學院、商學院、傳播學院及文法學院等相關系所，應考慮把本教材列為重要的選修課程，培養學生們對未來進入職場後，處理事務的必備技能之一。另外，一般公司行號的人力資源與教育訓練部門，也很適合將本教材納入公司訓練課程之一。事實上，很多公司已開始重視這方面的課程。

感謝與祝福

　　本書順利出版問世，感謝我的家人、學生、各位老師、各位同學、各位讀者、我過去的老闆及同事的支持、鼓勵、指導與期待。由於您們，我才有動機與毅力，在寒冬季節與深夜中，戮力完成此書。

　　最後，願以幾句我所喜愛的座右銘，提供給各位讀者們參考，希望你們在未來求學或工作的生涯中都能克服困難，得貴人相助，並能步步高升，迎向有意義、有價值的美滿人生。

　　「成功的人生方程式：觀念（想法）× 能力 × 熱忱 × 貢獻 × 人脈 × 終身學習。」

　　「命運可以被安排，人生卻要自己左右。」

　　「終身學習必須是有目標、有計劃與有紀律地去學習。」

　　「有慈悲就無敵人，有智慧就無煩惱。」

　　再次深深祝福所有的讀者們，在您們生命中的每一分鐘。

戴國良

taikuo @mail.shu.edu.tw

目錄

Chapter 2　問題是什麼————————089

Chapter 6　如何培養「戰略思考力」————181

Chapter 7　見樹未見林 vs. 見樹又見林————189

Chapter 1

企業經營問題發生、分析、解決與決策管理／提高績效實戰知識全方位總篇章

企業經營多多少少總會發生各式各樣的問題。優質好企業，發生的問題就會少些；比較差的企業，發生的問題就會多些。總結我的多年實務經驗顯示，企業經營會出現、發生各種問題的兩大面向因素及細項因素，如下述：

一、公司內部自己的 11 個因素

很多問題的產生，大都是由於公司內部自己經營不善所產生的問題，包括有：

（一）制度有問題：沒有制度、制度不好或制度跟不上時代演變及企業本身變化，這時候，企業各種問題就會產生。

（二）人才有問題：公司缺乏優質好人才、缺乏穩固資深人才、缺乏高素質人才、缺乏人才的向心力、缺乏肯幹實幹勤勞好人才，這樣公司也會發生問題。

（三）製造設備有問題：公司的製造設備、研發設備、實驗設備都太老舊了、不夠自動化、不夠 AI 智能化、不夠先進化；設備若有問題，就製造不出優質好產品出來，這就產生了很多問題。例如：顧客／客戶不買單、市場競爭力不足等。

（四）高階領導層有問題：企業有時候發生問題不只是基層有問題，甚至高階領導層也會有問題。包括：董事會、董事長、總經理、執行長、營運長等高階人員的眼光、視野、策略、前瞻性、決策性等各種能力，也都會出現問題的可能性。

（五）基層管理層出問題：在各部門的基層管理、基層幹部，也都會有出現問題的狀況。

（六）公司規模太小的問題：剛創業的公司或一般性中小企業，由於規模太小，未形成好的規模化經濟效益，因此，自然也都會出現各種問題。

（七）決策流程及決策文化出問題：有時候，公司重大決策流程及決策文化不夠縝密、不夠思考、不夠嚴謹，致使錯誤決策後，發生一連串的各種不利問題與不利後果。

（八）危機意識出問題：當公司連年經營大好時，公司的高階、中階、基層主管就自大、驕傲、鬆懈起來，接著就缺乏危機意識，終於導致後續經營逐漸衰退而仍不自覺。

（九）企業文化／組織文化出問題：每個企業都有好的與壞的企業文化及組

織文化，當不好的企業文化及組織文化擴及全體員工時，自然就會使公司面臨各種不利的問題產生。

（十）**不知轉型出問題**：企業長期經營，必然會面對各種產業結構挑戰、客戶挑戰、市場挑戰、競爭對手挑戰、產品革新換代挑戰、經濟景氣挑戰、技術升級挑戰等。此時，企業必須儘快轉型才行，若不知轉型或轉型太慢，企業必然出現各種不利大問題產生。

（十一）**企業策略方向出問題**：企業各種經營策略及營運策略的正確方向及正確選擇，都會影響公司的有利發展；一旦，企業重大策略方向及選擇錯誤、不對，就必然導致公司發展出現各種不利大問題。

二、外部大環境變化的 11 個因素

外部大環境不利變化，也會使企業經營面臨各種不利問題的產生；比如說最近幾年的烏俄戰爭、通貨膨脹、升息、高房價、低薪、缺水、缺電、中美兩大國貿易戰／科技戰／競爭對立，海峽兩岸政軍變化、全球地緣政治、台商／外商逃離中國、印度／東南亞供應鏈崛起、出口業衰退、台積電海外設廠、全球 3 年新冠疫情……等，都會大大影響任何企業的諸多不利問題點的產生。總之，歸納來看，外部大環境變化可包括以下 11 點：

1. 國內外經濟／貿易／金融／投資的變化因素。
2. 國內外全球產業供應鏈變化因素。
3. 國內外市場景氣／消費力變化因素。
4. 國內外科技變化因素。
5. 國內外社會／文化／人口變化因素。
6. 國內外法規變化因素。
7. 國內外大客戶變化因素。
8. 國內外競爭對手變化因素。
9. 國內外勞動力變化因素。
10. 國內外通膨、升息、匯率變化因素。
11. 國內外地緣政治變化因素。

圖 1-1 公司出現各種不利問題的 11 種「自身內部因素」

1
制度出問題

2
人才出問題

3
設備出問題

4
高階領導層有問題

5
基層管理層有問題

6
公司規模太小的問題

7
決策流程及決策文化
出問題

8
危機意識出問題

9
企業文化／組織文化
出問題

10
不知轉型出問題

11
企業策略方向出問題

致使公司經營及
營運不斷冒出各
種不利的大問題
及小問題

HELP!

圖 1-2　國內外大環境 11 大變化因素對企業問題的產生

1 | 國內外經濟、貿易、金融、投資的變化因素

2 | 國內外全球產業供應鏈變化因素

3 | 國內外市場景氣／消費力變化因素

4 | 國內外科技變化因素

5 | 國內外社會／文化／人口變化因素

6 | 國內外法規變化因素

7 | 國內外大客戶變化因素

8 | 國內外競爭對手變化因素

9 | 國內外勞動力變化因素

10 | 國內外通膨、升息、匯率變化因素

11 | 國內外地緣政治變化因素

對企業經營不利問題的產生，影響很大！

圖 1-3　企業經營發生不利問題的兩大面向因素

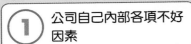

① 公司自己內部各項不好因素

＋

② 外部大環境的變化、趨勢、改變的不好因素

導致公司面對各項不利大問題與小問題的產生！

企業要思考及提前準備做好上述兩大類因素的應對與改良措施！

公司才會不斷進步、領先及成長！

那麼，企業在長期經營過程中，如果從公司各個功能部門來看，可以歸納出 18 個面向問題，如下：

1. 經營策略出問題。
2. 組織結構出問題。
3. 人力資源出問題。
4. 製造／生產線出問題。
5. 採購出問題。
6. 品管出問題。
7. 物流配送出問題。
8. 營業／客戶出問題。
9. IT 資訊出問題。
10. 財務出問題。
11. IP 智產權出問題。
12. 研發／技術出問題。
13. 海外布局出問題。
14. 稽核管制出問題。
15. 售後服務出問題。
16. 通路上架出問題。
17. 品牌力／行銷力出問題。
18. 會員經營出問題。

圖 1-4 企業經營發生問題的各部門 18 個面向歸納

1. 經營策略出問題	10. 財務出問題	
2. 組織結構出問題	11. IP 智產權出問題	
3. 人力資源出問題	12. 研發／技術出問題	
4. 製造／生產線出問題	13. 海外布局出問題	趕快從上述 18 個功能部門預防不利問題發生！
5. 採購出問題	14. 稽核管制出問題	
6. 品管出問題	15. 售後服務出問題	
7. 物流配送出問題	16. 通路上架出問題	
8. 營業／客戶出問題	17. 品牌力／行銷力出問題	
9. IT 資訊出問題	18. 會員經營出問題	

1-3 企業經營有效降低／減少不利問題發生的九個重要方向與觀念建立

具體來說，在實務上，企業經營到底要如何才能有效的降低／減少各種不利問題產生，計有九個重要方向與觀念建立如下：

一、第一優先：先解決優秀人才團隊不足問題。

優秀人才團隊的建立，是企業經營的最核心根本。沒有好人才，就不會有好公司。所以，要趕快解決：人才數量不足、人才素質不足、人才經驗不足、人才遠見不足、人才向心力不足、跨業人才不足、多樣化人才不足、高階研發人才不足等各項人才問題，才能有效預防不利問題的潛在發生。

二、解決設備問題。

引進、購買最先進、自動化、AI智能化的一流製造／研發／實驗／品管設備，此即「工欲善其事，必先利其器」之意。

三、解決研發／技術問題。

高科技公司的長進命脈，都在先進研發／技術問題上，一定要保持領先技術及尖端研發的能力與競爭力。

四、建立與時俱進的好制度、好規章、好辦法。

公司要長進、永續、穩定、擴大化經營，就要仰賴有好的、合宜的、進步的各式制度、規章、辦法、要求、KPI值等。做好這些，自然就會大大減少各種不利問題產生。

五、提高對員工各種薪資、獎金、福利的激勵／獎勵措施。

全體員工有了好的、高的、滿意的各種薪資、年終獎金、紅利獎金、績效獎金、及福利之後，自然對公司滿意度會提高，離職率就會下降，也會更珍惜這個工作，也會貢獻更多給公司，公司發生各種問題的機率就會下降很多。

例如：台灣最有名的台積電高科技公司，計有 6 萬名員工，平均每個人每年的分紅獎金高達 180 萬元，合計每個人每年的年薪高達 300 萬元之高。注意，這 300 萬元年薪幾乎是傳統產業及服務業副總級的年薪了。請問：台積電員工誰會輕易離職呢？誰會不努力工作保住職位呢？

六、強化各項重大決策流程的嚴謹度、精準度，減少失敗決策。

企業有很多不利問題的產生，都是由於各項重大決策產生錯誤。因此，如何

強化、精進及改良各種重大決策的流程、決策人員、決策討論會議、決策模式建立等，就成為重要之事了。

七、打造快速／敏捷面對問題及解決問題的企業文化與組織文化。

企業必須建立出，當面對各種不利問題出現時，各部門及跨部門合作，都能快速的／敏捷的／機動的面對問題、分析問題及解決問題的組織文化，也是很重要的。

八、預先做好各項可能問題發生的事前防範計劃及措施。

優質好公司、大公司，都會要求各部門預先做好，當各項可能問題發生時的事前防範計劃與措施。能做到這樣，即使當不利問題出現時，也能很快的、很從容的加以解決，而不會措手不及、緩慢因應、不知因應。

九、具備高瞻遠矚及超前布局的長期眼光及思維。

公司中高階主管及老闆們，更應該具備專業發展前程的高瞻遠矚及超前布局的長期性眼光及思維，才能避掉屬於長期性、結構性的不利大問題產生，而大大影響公司的長遠發展與永續經營。

圖 1-5　企業有效降低／減少不利大問題發生的 9 個重要方向與觀念建立

1. 第一優先：先解決優秀人才團隊不足問題
2. 解決設備能力不足問題
3. 解決研發／技術問題
4. 建立與時俱進的好制度、好規章、好辦法
5. 提高對員工各種薪資、獎金、福利的激勵／獎勵措施
6. 強化各項重大決策流程的嚴謹度、精準度，減少失敗決策
7. 打造快速／敏捷面對問題及解決問題的企業文化與組織文化
8. 預先做好各項可能問題發生的事前防範計劃及措施
9. 具備高瞻遠矚及超前布局的長期眼光及思維

可大大降低／減少企業各項大、小不利問題的產生影響！

1-4 企業經營面對不利問題發生時的十個決策管理事項與思維

企業經營在面對各種不利問題發生時，應具備以下十項「決策管理」的事項與思維，如下述：

一、提前預防

「提前預防」是決策管理的第一項思維，能夠將企業問題在事前加以預防及阻止是上上決策。

二、定期偵測

由於企業受到外部大環境變化很大的不利影響，因此，必須組成專職偵測小組，做好定期偵測報告的提出及討論，就可以預先偵測到未來可能不利問題的產生。

三、組成決策小組

面對企業各部門大、小問題時，首要組成最佳的「決策小組」，包括哪些部門、哪些單位、哪些人員、哪些主管，必須納入才算完整、無缺漏。

四、決策流程與決策討論

有關決策會議的流程及決策討論，都必須有完善的機制執行，才會有「最好決策」的產生。

五、大問題／大決策要嚴謹

企業面對不利的大問題及大決策時，要秉持高度的嚴謹性，不應隨意、輕浮的做出決策來，這會大大誤了公司前途的。

六、小問題／小決策要快速、機動

至於各單位平常的發生小問題及小決策，就可以快速的、機動的、敏捷的、彈性的加以有效解決。

七、決策事項優先性／重要性評估

對問題解決的思考，要考量到問題的「優先性」及「重要性」。對公司日常營運愈具優先性及重要性的，就要加快尋求解決才行。有些比較不急的問題，就可以留在以後慢慢思考解決。

八、決策後,要定期查核

下了決策後,對負責執行的單位及人員,一定要定期派人加以考核、查核,以了解解決問題的進度及有效性。

九、問題解決後,思考以後如何避免

問題得到解決後,必須思考未來如何一勞永逸、不再重覆產生的作法,讓問題得到真正的、長遠性的解決。

十、決策,沒有終點

最後,企業必須認知到,任何下決策是沒有終點的。因為企業外部大環境永遠的/每天的,都在變化、浮動中,企業只要存活一天,就會受到不利的影響,而使問題點會不斷有新的出現。所以企業的每次下決策,必須認知到:決策,是沒有終點的。

圖 1-6　企業面對不利問題發生時的 10 項「決策管理」事項與思維 ●

1 要提前預防	**6** 小問題／小決策要快速、機動
2 要定期偵測	**7** 對決策事項優先性／重要性要評估
3 要組成決策小組	**8** 決策後,要定期查核
4 建立決策流程與決策討論	**9** 問題解決後,要思考以後如何避免
5 大問題／大決策要嚴謹	**10** 決策,沒有終點

真正落實做好對問題解決的
決策管理事項與思維!

1-5 最終決策者在做出最後決策指示時，應注意九點事項

面對公司發生問題時，如何解決的決策者，在做出最後決策指示時，不管是在會議上或非會議上下達最終決策時，必須完整的思考到九點事項，才比較確保下決策的正確性，並保證能夠真正解決公司的問題點，如下：

一、資訊、數據完整搜集

最終決策者（包括可能是：董事長、總經理、執行長、各部門副總經理、各工廠廠長或是其他中階／基層主管），在決策討論會上，一定要求各單位問題討論的相關資訊、數據資料，應該儘可能完整搜集、呈現表達有相關數據化，才能做出比較正確的決策指示。

二、每位決策成員，都要表達意見及看法

在各種決策討論會議上，決策小組成員，每一位都要求充分表達對問題發生的原因、過程及解決對策，發表自己的看法、意見及建議，做到能廣納雅言，吸納不同單位的觀點及專業。

三、不要長官一言堂

有些公司的中高階主管很喜歡「長官一言堂」，自己就是一言堂，不能認真傾聽部屬的意見與看法，如果這樣，很容易犯「一言堂的決策錯誤」。

四、提出多個解決方案討論

最終決策者在討論會議上，應要求負責單位，儘可能提出多個解決方案（A案／B案／C案），從不同觀點切入思考，以利大家做出最佳的決策方案選擇。

五、思考：有效性／效益性／長遠性／創新性

最終者決策必須認真思考，你做出的解決問題的對策、方案及最終決策指示，是否真能做到以下4要點：1. 有效性。2. 效益性。3. 長遠性。4. 創新性。

六、成本／效益分析，也不是絕對的

在下達決策前，通常都會要求做「成本／效益比較分析」，但有時候這也不是絕對的。企業面對急迫問題／重大問題時，有時候要投入很大成本的，此時，效益上可能短期收不回來，但仍是必要去做的，否則會大大不利影響公司長遠發展及競爭力。此時就不能單看成本／效益分析的。

七、大／小決策，不同對待

最終決策者，應該謹記二大原則：

1. 大問題／大決策：要嚴謹。2. 小問題／小決策：要快速。

八、採取共識決為佳

最終決策者在下達最後決策指示時，最好要參考小組成員們表達的意見、看法、觀點，再加上自己的想法，把兩者融合在一起，做出最後決策，形成一個「共識決」，讓大家都有參與感、大家的意見都受到重視，如此的「最終共識決策」才是最佳的。

九、最終決策者要有擔當、要負最後責任

公司任何大、小問題解決的最終決策者，必須要有擔當、要勇於負最後責任，不要怕出問題，不要怕做決定。

圖 1-7 最終「決策者」在做出最後決策指示時，應注意的 9 點事項 ●

1 資訊、數據要有完整搜集呈現

2 每位小組決策成員，都要充分表達意見及看法

3 不要長官一言堂，不要官大學問大

4 提出多個解決方案討論

5 要思考：有效性／效益性／長遠性／創新性

6 成本／效益分析，也不是絕對的

7 大／小決策，不同對待

8 採取共識決為佳

9 最終決策者要有擔當、要負最後責任

才能做出問題解決的最佳決策指示！

1-6 面對問題解決複雜程度的四種組織模式

企業經營在面對各種問題解決的組織模式，會因它的複雜程度不同而有不同的應對組織，包括如下區分四種組織模式：

一、簡單問題

遇到簡單問題，就由問題發生的部門或單位自己單獨儘速解決，不必牽涉到其他部門。例如：製造部、採購部、營業部、物流部、財務部、門市部、商品開發部等，各部門內的簡單問題發生，就由自己部門快速自己解決。

二、複雜問題

遇到複雜或棘手或多個部門必須聯合起來才能解決的狀況時，公司高階主管就必須出面，儘快組成跨部門、跨單位、跨外部的「專案小組」或「專案委員會」，以尋求能夠快速解決複雜問題。例如：

1. 解決品質長期不夠穩定問題：就涉及到研發、技術、採購、製造、品管、設計等五、六個部門的聯合團隊工作了。
2. 解決未來 5 ～ 10 年新事業、新產品、新技術發展方向與計劃重大問題：就涉及到經營企劃部、商品開發部、研發部、財務部、製造部、營業部及總經理、董事長等各個部門了。

三、新冒出來／新事業問題

另外，也有少數狀況是面對新冒出來／新事業的問題發生與問題解決，此時，公司就必須成立專責新部門，引進新人員，專責此問題解決。

例如：最近這一、二年上市櫃大公司每年都要編製「永續報告書」，以及開始推動 ESG 新工作（環境保護、社會責任、公司治理），以迎合全球新規範。此時，很多大企業就成立「永續 ESG 委員會」新組織來負責解決此重大問題。

四、高階經營策略問題

企業面對長遠性高階經營策略及經營發展重大問題，也會成立「中長期經營發展委員會」或「中長期經營發展戰略小組」，來召集各部門一級主管組成工作團隊一起討論，並做出一連串相關決策，以解決公司 5 ～ 10 年的長遠發展問題點。

圖 1-8 企業面對問題解決複雜程度的 **4** 種組織模式

模式 1 簡單問題 → 由問題發生部門自己快速解決

模式 2 複雜問題 → 成立跨部門、跨單位的聯合專案小組或專案委員會團隊合作解決

模式 3 新冒出來／新事業問題 → 成立新部門、引進新的專業人員負責解決

模式 4 高階經營策略問題 → 由高階一級主管群，組成「中長期戰略事業發展委員會」推動解決

1-7 面對問題解決複雜程度的三種決策模式

一、「老闆個人」決策模式

到現在，仍有一些大企業或中小企業老闆，在個性上比較專斷、顯出「強人老闆」的特質；因此，在公司一些重大問題解決上，顯示出較偏重「老闆個人」決策風格，經常是老闆一個人說了算。

此種模式自有它的優點及缺點，但並不符合現代化企業經營管理知識的發展。

二、「專業經理人團隊」決策模式

現在，愈來愈多的企業採取的是：專業經理人的團隊決策模式。也就是，做老闆的、或做專業總經理／執行長的領導人，經常會組成決策討論會議，邀集相關部門一、二級主管，共同組成團隊，在專案會議上共同討論、民主討論、各抒專業己見，形成共識後，再由專業總經理／執行長下達最終決策與指示。

此種問題解決的決策模式優點較多、缺點較少，目前也是主流模式。

三、「老闆個人＋團隊」決策模式

第三種決策模式就是融合老闆個人的專斷＋團隊意見而形成的決策模式。這個老闆，經常就是公司最高的董事長，雖然董事長也會傾聽各部門主管表達的意見、看法、觀點、建議，但最後下達決策及指示時，仍含有很高成分的強人老闆／領導者的自己看法與觀點。

採此決策模式的，也是有不少企業的。

圖 1-9 問題解決的決策討論與決策形式的 3 種模式

1 老闆個人決策模式	2 專業經理人團隊決策模式	3 老闆個人＋團隊決策模式

解決企業面對的各種問題點

1-8 「動態性決策」新觀念

一、什麼是「動態性決策」

「動態性決策」就是指任何重大公司決策：

1. 不是一次性的。
2. 不是固定不變的。
3. 不是短期的。
4. 不是沒有彈性的。
5 不是一次就保證成功的。
6. 是機動的、彈性的、敏捷的、動態的決策模式。
7. 是不斷調整的、改變因應的、快速的、能與時俱進的、朝更有效果、更長遠眼光的決策邁進。

二、採用「動態性決策」模式的 3 大原因

企業必須採取「動態性決策」觀念的 3 大原因如下：

1. 外部大環境一直在改變中、變化中、演進中，不是每一天都固定不變的。只要外部大環境變化，就會影響到公司的各種營運決策及營運績效，故必須採用「動態性」觀念及行動，去做好應對措施，才能使公司長存下去。
2. 公司內部自己的資源條件狀況、優勢狀況、營運好壞狀況，也在變化及改變中。因此，從此觀點看，企業也必須採取動態性決策加以快速應對。
3. 競爭對手的行動、資源條件、決策、優／劣勢等，也在變化及改變中。因此，我們也必須保持動態性而非靜態性決策去應對，才不會被競爭對手超越過。

三、成功案例

1. 王品餐飲集團：30 多年來，王品發展出 25 個品牌餐飲及 310 家分店，成為國內第一大餐飲集團，也是採取動態性決策，每年推出 1 ～ 2 種新口味、新品牌餐飲。
2. 超商店型改變：國內各大超商的店型演變，從過去小型店到現在的大型店、特色店、複合店、店中店，就是一種改變店型的動態性決策。
3. 和泰汽車：國內第一大汽車代理行銷公司和泰，過去一直以一般轎車銷售為主，最近幾年，又引進輕型商用車銷售，結果也賣得很好，這也是一種車型產品多樣化的動態性決策的收穫。

圖 1-10 何謂企業「動態性決策」（Dynamic Decision）新觀念涵意 ●

動態性決策
（Dynamic Decision）

- 非一次性
- 非固定不變
- 非一次就保證成功
- 非短期
- 非沒有彈性

+

- 是機動的、彈性的、不斷調整、不斷因應改變、能與時俱進的、能朝更有效果的方向與策略邁進

圖 1-11 企業採取「動態性決策」觀念的 3 大原因 ●

1 面臨外部大環境的不斷變化及演進

2 面臨公司自身資源條件及營運狀況好壞的變化

3 面臨強大競爭對手的變化及挑戰

迫使企業必須採取「動態性決策」模式，
機動／調整／快速的去做下一次的決策改變

1-9 打造重視問題預防及問題解決的企業文化／組織文化五種作法

那麼，企業應該如何才能打造出一種對重視「問題預防」及「問題解決」的好的企業文化及組織文化呢？計有五種作法：

一、新進人員訓練

對每一梯次的新進員工，在授課內容中，必須放入針對本公司對問題預防、分析及解決管理的重視及要求。

二、納入年終考核

企業必須把問題預防及問題解決能力與貢獻，納入每位員工的年終考核指標項目之一，引起大家的重視及付出。

三、舉辦問題解決表揚大會

企業必須每年一次舉辦各單位對「問題預防」及「問題解決」的成果表揚大會。針對這一年度內 100% 沒發生問題的，以及對重大問題得到改善及解決的單位及個人，加以表揚及獎金鼓勵。

四、張貼海報／看板

公司應該在工廠內、倉庫內、辦公室內、研究中心內、訓練中心內，大量張貼有關「問題預防」及「問題解決」的各式海報、電子看板等，以隨時喚起全體員工對此要求的重視及執行。

五、納入每月主管會報

就是要求各部、室一級主管，都必須把此項工作納入工作報告內，以提醒各一級主管的重視。

圖 1-12 打造重視「問題預防」及「問題解決」的企業文化／組織文化 5 種作法 ●

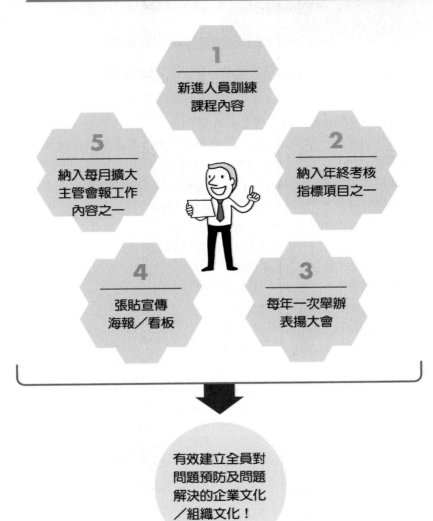

企業經營問題發生、分析、解決與決策管理／提高績效實戰知識全方位總篇章

1-10 各級主管執行問題解決之決策時，應有十項思考點

在實務上，各部門、跨部門之各級主管在做出問題解決之最終決策時，應有十項思考點，比較會做出好的、正確的最終決策，如下述：

一、真正能解決問題的「有效性」思考

「有效性」評估，是真正能解決問題的核心點，做出無效果決策，那只是浪費企業的時間而已；要做，就要儘可能一次做對、做出好效果出來，那才是第一名的問題解決專家及主管。當然，有些較困難、較尖端的問題，也必須多次嘗試及多花點時間才能解決的，這也是可以接受的。

二、問題解決的「優先性」及「迫切性」思考

做任何解決決策時，必須思考到：這個問題或這些問題的「優先性」（priority）及「迫切性」（urgent）如何。對公司整體發展愈優先的、愈迫切的，就應該放在最前面的工作事項，加速下決策及加速加以解決。而比較不迫切的、不急於一時的、可以較慢來的，就把解決順序放在後面一些。

三、問題解決的「短期性」及「長期性」（長遠性）思考

執行問題解決及決策時，也必須思考到：此問題的短期性或長遠性影響，愈具長遠性影響的問題，表示愈要加以重視，因為一處理不好，就會影響到公司的長遠性經營成效。

四、問題解決的「戰術性」與「戰略性」思考

問題解決也應該思考到這些問題是比較小範圍、比較低層次、比較日常作業的，就是屬於「戰術性」問題解決，以快速解決為要求。而比較大範圍的、比較高層次、比較宏觀的、比較深遠的、比較有高度的，就是屬於「戰略性」問題解決，此必須不能太草率下決策，也不是單一部門能下決策的，必須組成「跨部門專案委員會」來加以解決。

五、問題解決的「片面性」與「全面性」思考

有些問題解決及下決策，是可以「片面性」觀念加以解決即可，但有些問題則必須有「全面性」觀點，才能有效／真正解決的。

六、問題解決的「成本性」與「效益性」思考

有時候，問題解決下決策時，仍須考量到「投入成本」與「獲得效益」的比較分析與思考，當效益＞成本時，此決策即可明確做出。當然，有少數狀況下，

成本＞效益，仍不得不做，也是有的。所以，不是絕對的。

七、問題解決的「獨立思考性」、「獨創性」、「創新性」思考

面對問題解決時，應該要求負責擔當部門及人員，必須具備「獨立思考性」、「獨創新」、「創新性」的思考力，才能端出一勞永逸又貢獻巨大的問題解決方案出來。

八、新人才需求性思考

有時候企業經營面對新時代、新技術、新市場、新產品挑戰問題時，公司既有人才恐怕無法有效應對，因此，必須有嶄新人才的需求，才能得到有效、徹底的解決能力。

九、問題解決的「自我解決」或「借助外力解決」思考

當重大問題解決涉及面向很多、涉及專業也很多，而必須協同／借助外部專業公司的專業人才來協助我們解決高難度問題。此時，付出一些費用，委託專業公司協助解決，也是必要思考的。

十、問題解決的「資金投入」思考

面臨大問題或深遠問題，可能必須投入巨大資金才能解決，這也是必須思考到以及準備好資金能力。

圖 1-13　各級主管做下問題解決決策時，應有之 10 項思考點

1. 真正能解決問題的「有效性」思考
2. 問題解決的「優先性」及「迫切性」思考
3. 問題解決的「短期性」及「長期性」（長遠性）思考
4. 問題解決的「戰術性」與「戰略性」思考
5. 問題解決的「片面性」與「全面性」思考
6. 問題解決的「成本性」與「效益性」思考
7. 問題解決的「獨立思考性」、「獨創性」、「創新性」思考
8. 「新人才需求性」思考
9. 問題解決的「自我解決」或「借助外力解決」思考
10. 問題解決的「資金投入」思考

完美問題解決的決策做下！

1-11 問題解決的七字訣：4W/1H/1C/1R

企業各部門、各主管在面對重要問題解決時，可從下列七字訣來完整思考，比較不會漏東漏西的，説明如下：

一、What?（問題是什麼？）

首先要確認發生的「問題」是什麼？包括：「表面的問題」及「核心的問題」二種。

二、Why?（問題形成原因是什麼？）

其次，要去分析／思考／檢查／查核此問題的形成原因是什麼？Reason Why（原因是什麼）？要有深度的去挖掘各種可能形成的真正原因及關鍵原因何在？如此，才能做到對症下藥，藥到病除。

三、Who?（誰負責去執行、去做？）

接著要思考：此問題應該是哪些單位／哪些人員負責去做、去執行、去完成、去解決？要指派最佳的團隊及主管去負責任完成。

四、How to do?（如何做？如何解決？方案為何？作法為何？）

這些執行負責人員就必須思考，針對前述發生問題的諸多原因，一個一個去思考如何改善？如何解決？如何作法？如何強化？如何改變？如何創新？

五、Check!（考核執行後，是否得到問題解決？）

當執行若干期間之後，就要有人去考核、查看問題是否真正得到解決？或得到明顯改善？

六、Reaction!（再調整、再行動、再出發。）

如果上述問題並沒有完全得到改善或解決，那麼負責團隊就必須再調整作法、再修正作法、再改變策略、再重新行動，以求最終的成功才能停止／完成。

七、When?（何時應該／必須完成？）

另外，也必須指示解決小組應該在哪個時間點、哪個日期前、哪個Deadline時限前，完成此項問題點。

圖 1-14 問題解決的 7 字訣：4W/1H/1C/1R

1
What
問題是什麼？

5
Check
考核執行後，
是否得到有效
問題解決？

2
Why
問題形成的原因
是什麼？

6
Reaction
再調整、
再行動、
再出發。

3
Who
誰去負責執行、去做？

7
When
何時應該／
必須完成？

4
How to do
如何做？
如何解決？
方案為何？
作法為何？

1-12 問題解決簡單四字訣：
Q→W→A→R

前述是較完整的問題解決七字訣，但也有另外更簡化的四字訣，如下：

1. Q：Question（問題是什麼？）
2. W：Reason why（問題形成的原因是什麼？）
3. A：Answer（問題解決的方案、計劃、作法是什麼？）
4. R：Result（問題解決的結果／成果如何？）

圖 1-15　問題解決簡單 4 字訣：Q→W→A→R

① Q Question
（問題是什麼？）

② W Reason why
（問題形成的原因是什麼？）

③ A Answer
（問題解決的方案、計劃、作法是什麼？）

④ R Result
（問題解決的結果／成果如何？）

1-13 問題解決與外部協力單位合作

　　企業經營會經常面對各種不易解決的困難與問題，而且也不是公司自己內部組織與人員就可以快速自己解決的。一般來説，消費品業、傳統製造業、科技業及服務業等，經常會尋求外部協力單位幫忙的，大致有如下公司。

1. 廣告公司
2. 數位行銷公司
3. 公關公司
4. 媒體代理商
5. 通路陳列公司
6. 展覽公司
7. 工程技術公司
8. 研發公司
9. 品質鑑定公司
10. 會計師事務所
11. 律師事務所
12. 設備供應商
13. 原物料／零組件供應商
14. 零售通路公司
15. 設計公司
16. 國外先進同業公司
17. 市調公司
18. 網紅經紀公司
19. 外部學者／專家／顧問人員

1-14 問題解決「能力形成」的六種內涵成分

公司各單位人員對各式問題解決的「能力」（Capability），到底它的內涵、內容、形成有哪些？根據我過去十多年的實戰工作經驗顯示，計有六種內涵成分，才會比較能夠真正的解決問題，包括：

一、「專業知識」夠不夠、行不行

各種職務都有它的專業知識，例如：研發、技術、設計、採購、製造、行銷、客服、會員經營、策略規劃、人資、資訊、法務、稽核、總務、節目製作、電影製作、財會、證券投資、銀行融資、化工、電子、機械、電腦、零售、百貨、餐飲……等數十種專業知識。員工自己在各自領域上的真正專業知識及實力，到底夠不夠、行不行、強不強？這些都會影響到對問題的解決能力。

此即，全員要加強自己的「本職學能」與「尖端知識」。

二、工作「經驗累積」夠不夠、多不多

每位員工對自己工作經驗累積的多不多、夠不夠？例如：一位二十年、十年、一年年資的技術型員工，對高端、先進技術能力的累積經驗，就有不同。資淺與資深的工作經驗累積不同，也會形成問題解決能力的內涵之一。

三、解決問題的「態度及精神」夠不夠

員工們對解決問題的態度及精神夠不夠？這包括：

1. 主動／積極態度。　　4. 捨我其誰態度。
2. 認真／用心態度。　　5. 當仁不讓態度。
3. 追根究底態度。

「態度」是很重要的軟性能力內涵之一。

四、「一般性知識」能力夠不夠、行不行

在問題解決能力的形成上，除了「專業知識」外，還包括「一般性知識」，包括如下幾項：

1. 思考力知識夠不夠。　　5. 推理力知識夠不夠。
2. 分析力知識夠不夠。　　6. 架構力知識夠不夠。
3. 創新力知識夠不夠。　　7. 組織力知識夠不夠。
4. 邏輯力知識夠不夠。

五、外部本業及異業「人脈存摺」夠不夠、行不行

　　問題解決有時候也會牽涉到外部人脈存摺的運用及請教。外部人脈存摺愈豐富，就愈能向他們請教，如此也會增進自己問題解決的能力內涵。

六、「求進步的企圖心」夠不夠

　　對問題解決能力的形成內涵之一，就是員工們是否擁有「求進步的企圖心」。愈能求進步的員工，就愈能不斷提高他們的問題解決能力表現。

圖 1-16　問題解決「能力形成」的 6 種內涵成分

1. 專業知識夠不夠、行不行？
2. 工作經驗累積夠不夠、多不多？
3. 問題解決的態度及精神夠不夠？
4. 一般性知識能力夠不夠、行不行？
5. 外部人脈存摺夠不夠、行不行？
6. 求進步的企圖心夠不夠？

形成員工們對問題解決的能力內涵！

圖 1-17　員工應有的問題解決之 5 種態度

1	2	3	4	5
主動／積極態度	認真／用心態度	追根究底態度	捨我其誰態度	當仁不讓態度

員工對問題解決的必備 5 種態度

圖 1-18　員工對問題解決能力形成的 7 種一般知識

1		2		3		4		5		6		7
思考力知識	＋	分析力知識	＋	創新力知識	＋	邏輯力知識	＋	推理力知識	＋	架構力知識	＋	組織力知識

1-15 有效提升全體員工對問題解決能力的八種作法

如果公司全體員工及主管／幹部都能具備快速、正確、有效的解決問題能力，公司必可加速提升它在整個市場的競爭力。那麼公司要如何才能提升全員對問題解決能力呢？有如下八種具體作法：

一、全員教育訓練

公司必須把如何預防問題、分析問題及解決問題的學理知識及實戰經驗，成為一種課程，並且召集全體員工，從上到下，都要上過此課程才行。而此課程講師，以內部各級有此經驗的主管，組成內部講師團，加上邀請外部的學者／專家，聯合一起授課，以提升全體員工及幹部對此課題的必要知識、經驗、作法與Know-how。

二、要不斷提升全員的平均人才素質

公司全體員工的人才平均素質提升了，公司就愈有能力去預防問題及解決問題。人才素質，是指各部門、各工廠員工的：好學歷、好經驗、好專業、好能力、好態度、好向心力、好潛力、好成長力等。

三、建立解決問題實務資料庫

公司應該建立一套完整的、各部門／各工廠的問題解決成功實例資料庫與知識庫，把過去做過的、發生過的、成功解決過的資料，記錄起來，可供以後人員發生問題時的珍貴參考資料及作法，以迅速解決問題，這是公司難得的 Know-how 資料庫。

四、借鏡國內外第一名業者作法

公司可以借鏡國內外第一名業者，在面對相關問題發生時如何解決作法，以做為重要參考，此即標竿學習，必有很大助益，也能提升全員的問題解決能力與知識。

五、朝向零誤失／零問題終極目標邁進

公司高階主管也應宣示朝向各部門、各工廠的零誤失／零問題終極目標，努力邁進，此亦可逐步提升各部門、各工廠問題預防及問題解決之能力。

六、強化跨部門團隊合作要求

公司必須強化及要求對重大問題解決的跨部門團隊合作能力之提升。企業很多大問題，都是必須組成團隊，合作無間，才能徹底解決問題的。

七、每年定期表揚及獎勵

公司每年也須舉辦一次大型對問題預防及解決有大功勞／大績效的相關單位及人員，加以表揚及獎金獎勵，如此，可以提高全員對此項工作的重視感及不落人後感，最後就可以提高大家對問題解決的這種能力了。

八、納入年度考績

第八點作法，就是必須把各人員、各主管對各項重大問題預防與問題解決的成效，納入每年底的年度考績項目之一，如此把雙方連結在一起，才會得到員工及主管們的重視，然後，也就會逐步提高全員對問題解決的根本能力了。

圖 1-19　有效提升全體員工對問題解決能力的 8 種作法

1. 全員教育訓練。
2. 不斷提升全員的平均人才素質。
3. 建立解決問題實務資料庫。
4. 借鏡國內外第一名業者的作法。
5. 朝向零誤失／零問題終極目標邁進。
6. 強化跨部門團隊合作要求。
7. 每年定期表揚及獎勵。
8. 納入年度考績內。

有效提升全體員工對問題解決能力的進步與展現！

圖 1-20　內／外部組成問題預防、分析、解決的授課講師團

① 公司內部有經驗主管及專業人員

＋

② 外部學者／專家／顧問

- 共同組成問題解決講師團！
- 全員須上課並考試！

1-16 「不必等待 100 分完美決策」與「漸近式決策」模式

一、「不必等待 100 分完美決策」的最新趨勢

現在不少企業在問題解決決策上的發展趨勢上，有出現一種「不必等待 100 分完美決策」的現象。此決策之意涵包括：

1. 企業任何決策或問題解決思維，是不必要求每件都要能達到 100 分的狀況。
2. 企業有些決策，有些是急迫的、必須趕快做的。
3. 企業有些決策，可以邊做、邊修、邊改，最後會愈做愈好、愈成功。

所以，以上就是「不必等待 100 分完美決策」的重要思維改變與最新趨勢。

二、「漸近式決策」模式

在實務上，企業面對各種決策時，因為擔心決策的正確性、風險性及有效性，因此採取「漸近的、小規模試行的、小地區試行的模式」，等試行成功了，然後，再大舉推出。例如：

1. 新產品推出。
2. 新店型推出。
3. 新專櫃推出。
4. 新營運模式推出。
5. 新服務推出。
6. 新餐飲推出。

上述這些狀況，有些會採取「漸近式」的決策模式。

1-17 企業對問題發生「預防管理」之五要點

其實「問題預防」遠比「問題解決」重要太多，問題能夠在事前都能預防得好，就能夠使問題減少發生，甚至零發生，這種狀況才是最棒的企業經營及企業管理。所以，企業必須多努力／用心在如何預防問題發生，才是重點。

企業如何做好「問題預防」管理呢？主要要做好下列五要點，如下：

一、建立制度、建立 SOP 流程

企業首要，就是要在各部門、各工廠的營運上，徹底做好：建立制度、建立SOP 標準作業流程、建立規章、建立工作指標、建立辦法等。有了好制度、好規章、好 SOP、好指標，企業就可以安心營運；千萬不能只靠人去運作，因為：制度優於人，人會變的、人不會持久的、人會不穩定、人是有情緒的、人是有利益點，而制度則不會，故：制度＞人。

二、做好人員訓練

制度及 SOP 建立好之後，接著就要對人員展開訓練，要求人員熟悉制度、規章及 SOP，並按此執行，不管在工廠生產線、品管線、門市店、零售店、專賣店、專櫃、物流中心等均是如此。

三、定期、定點查核是否落實

第三點，就是要有專責人員去定期、定點查核是否有落實制度、規章及SOP。如果沒有定期查核、追蹤，就可能使人員鬆懈了、不在乎了、疏忽了。如是這樣，問題就會發生了。

四、貫徹賞罰分明政策

第四點，就是要做到賞罰分明的政策；若是各單位、各人員全年度都沒發生不好的問題（零問題），則公司就要給予應得的獎勵及表揚。若是有發生問題的，就要給予懲處才行，引起他們的警惕心。

五、加強宣導及觀念深化

第五點，公司必須在各種會議上、各種場所／場合，加強宣導大家對問題預防的重視及觀念深化，成為每天上班／上工的工作思想及行動。

企業經營問題發生、分析、解決與決策管理／提高績效實戰知識全方位總篇章

図 1-21 企業對問題發生「預防管理」之 5 要點

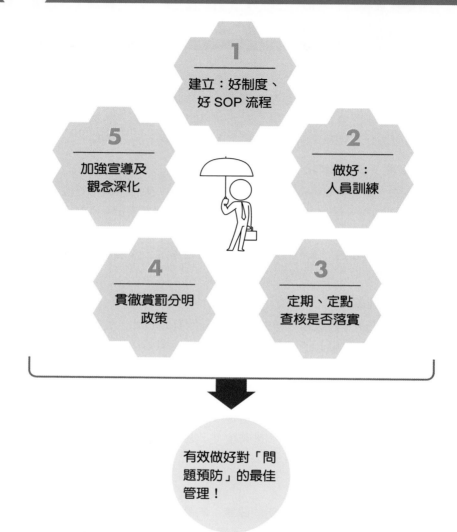

1
建立：好制度、
好 SOP 流程

5
加強宣導及
觀念深化

2
做好：
人員訓練

4
貫徹賞罰分明
政策

3
定期、定點
查核是否落實

有效做好對「問題預防」的最佳管理！

1-18 問題解決時間性，要兼顧及區分短期性／長期性

企業在面對各式各樣問題時，應該區分問題解決時短期性及長期性：

一、大部分

大部分問題都是短期性的，即是在短期內都可以得到順利解決的。

二、少部分

少部分問題則是長期性的，需有耐心、毅力、決心，才能在長期中，得到解決。

圖1-22 問題解決的短期性／長期性

①
大部分問題

短期內，可以順利解決的

②
少部分問題

長期時間，才能得到解決，需耐心等待

1-19 何謂「陌生問題」及其解決作法

一、何謂「陌生問題」

現在,企業也有愈來愈多狀況,是面對「陌生問題」;所謂「陌生問題」,就是在過去營運過程中,很少看到、很少出現、沒有SOP處理模式、沒有現成答案、也不是很簡單處理即可解決。

二、外部大環境巨變,帶來的陌生問題

很多「陌生問題」都是因為國內外大環境巨變,產生對企業的重大不利影響所引起的,例如:

1. 全球地緣政治的變化影響。
2. 中美貿易／科技／晶片對立(對抗)的影響。
3. 俄烏戰爭的影響。
4. 中國一黨專治獨裁的影響。
5. 中國「共同富裕」對有錢人、對企業家不利的影響。
6. 全球化、全球自由貿易漸死的影響。
7. 全球供應鏈、長鏈變短鏈的影響。
8. 全球升息、通膨的影響。
9. 印度／東南亞製造工廠取代中國的影響。
10. 台海兩岸和平與戰爭趨勢的影響。
11. 台灣國內缺水、缺電、缺工、缺蛋、缺藥的影響。
12. 全球電子業存貨太多、等待消化及外銷出口衰退的影響。

三、如何面對及解決「陌生問題」

那麼,企業應該如何面對及解決這些新冒出來的、棘手的、非公司內部自發的「陌生問題」呢?主要有三點:

(一)成立「面對陌生問題因應對策委員會」高階組織

由董事長擔任召集人,總經理擔任副召集人,經營企劃部擔任執行祕書,各部門一級主管擔任組員並成立多個分工小組負責執行。

(二)每月固定開會一次

此特設委員會訂每個月固定開會一次,面對這些潛在陌生問題,預做提案、

分析、思考、對策及準備。

（三）提高前瞻性、遠見性的思維能力

最後，董事長必須要求各部門、各公司一級主管們、高階團隊們，必須提高對「陌生問題」預知、分析及解決的前瞻性、遠見性、高視野性、戰略前程性、全方位性等之思維、觀念及能力。

圖 1-23　面對外部大環境巨變產生「陌生問題」的 3 個作法

1

成立「面對陌生問題因應對策委員會」高階組織

2

每月固定開會一次，加以分析、推理、探討及對策

3

提升高階主管們的前瞻性、遠見性的思維能力

有效解決棘手的外部帶來的「陌生問題」！

1-20 打造強大「組織能力」：組織能力強，問題預防及問題解決能力也就強

此單元要討論到一個重要主題，那就是「組織能力」（Organization Capability）。當「組織能力」強大了，公司各種問題預防與問題解決能力，自然也會跟著強了。所以說，如何打造、如何強化整個公司及全體部門的「組織能力」，那就是一件非常重大的工程與重大任務了。

茲根據作者我本人過去在各中、大型企業的工作經驗，總結出下列 7 大要因及作法，如下述：

一、優秀人才團隊是根本

各部門、各工廠、各子公司都能擁有優秀好人才團隊，是打造強大組織能力的核心根本；因為任何公司、任何老闆的成功，都是這一支優秀好人才團隊及全體員工打造出來、創造出來的；沒有這一支優秀好人才團隊，任何老闆都不會成功，光有錢，也不會成功的。

二、有豐富、資深的實戰經驗

組織能力的形成，也不是短時間二、三年就可成形的，它可能必須歷程 10 年、20 年、30 年、50 年長時間營運，才能鞏固打造出來的。組織能力是建立在各部門／各工廠／各子公司，都能有一群具備豐富、資深的實戰經驗的人才，才能形成及累積而來的。所以，好人才團隊光有高學歷、高知識也不夠，還必須經過長時間磨練、歷練、累積豐富經驗及資深革新力等，才算是強大組織能力的要因之一。

三、公司要有「優渥薪資、獎金、福利」，才能驅動這些好人才團隊的奉獻動機

公司／老闆們也必須提供比同業更好一些的薪資、獎金、福利措施，才能長期驅動這些好人才團隊不斷奉獻能力、智慧與經驗給這家公司，否則，好人才團隊也會離職的。

四、鞏固員工長期對公司的「向心力」及「忠誠心」

除了薪水、獎金、福利留住好人才團隊外，公司及老闆們也要努力鞏固／做好員工們對公司的長期向心力及忠誠心，成為一支「永遠在一起」的強大組織體。

五、對員工不斷培訓、保持不斷進步

必需不斷對員工進行培訓、訓練、教育，包括：

1. 技能上的培訓。
2. 知識上的培訓。
3. 操作上的培訓。
4. 觀念上的培訓。
5. 中高階主管領導力上的培訓。

對員工不斷培訓，員工及組織能力，就會不斷進步，就會領先競爭對手，就更會預防問題與解決問題了。

六、給員工更大「未來成長、晉升空間及機會」

提供有潛力的優秀員工，在未來有更大的成長與晉升空間。包括：成立新分公司、新的子公司、新的海外工廠、擴大事業部、擴增新產品線、擴大併購新事業等。潛力員工有了更大成長、晉升空間及機會，就會對組織能力的強大及延伸，形成更良性循環了。

七、不斷新陳代謝，引進年輕世代好人才

組織能力累積久了，時間長了，難免人才會老化，此時，公司必須不斷新陳代謝，每年度都要引進、吸引、招聘更多年輕世代的潛力優質人才進來公司，以做為 10 年、15 年後的各部門、各子公司接班幹部群；如此，才能使「組織能力」長期 50 年、100 年的永續保持下去。

圖1-24 如何打造／強大「組織能力」以解決問題的 7 大要因及作法

1
優秀人才團隊是根本

2
具有豐富、資深的實戰經驗

3
運用優渥薪資、獎金、福利，以驅動這些好人才對公司的奉獻動機

4
鞏固員工長期對公司的向心力及忠誠心

5
對員工不斷培訓、保持不斷進步

6
給員工更大未來成長、晉升空間及機會

7
不斷新陳代謝，引進年輕世代好人才

打造強大「組織能力」的 7 大要因及作法！

圖1-25 組織能力與問題解決能力之高度相關性

公司「組織能力」愈強大！

就愈能快速解決公司各式各樣大小問題點！

所以，公司的「組織能力」很重要！

1-21 「領導力」強，問題解決能力也就強

企業幹部們的「領導力」強不強、好不好，也會影響企業解決問題的能力結果。所以「領導力」（Leadership）也很重要，必須重視。

一、領導力兩大分類

企業經營的領導力，可區分為兩大類：

（一）按階層區分

1. 高階領導力（董事長、總經理、執行董事、副總經理、各長、廠長等主管）。
2. 中階領導力（協理、經理、副理級主管）。
3. 基層領導（組長、課長、主任、股長、線長等）。

（二）按部門區分

各部門／各工廠／各子公司／各分公司等主管領導力。

二、好的領導力七大展現要求，有助問題解決

什麼樣才是有效的、好的、正確的領導力呢？主要要做到下列七大要求：

1. 看事情，要具備高度、廣度、遠度及深度。
2. 要具備勇於下達最終決策的魄力、膽識、當責心及決心。
3. 要具備無私、無我的品德感。
4. 要真心為公司盡心盡力及貢獻心。
5. 要能以身作則、身先士卒，不是只出嘴巴而已。
6. 要具同理心，照顧部屬、選拔部屬。
7. 要能指揮、叫得動部屬做事。

圖 1-26 好的領導力 7 大展現要求，有助問題解決

1 具備看事情的高度、廣度、遠度及深度

2 具備下達最終決策的魄力、膽識與當責心

3 具備無私、無我的品德感

4 要真心為公司盡心盡力及貢獻心

5 要能以身作則，身先士卒，不是只出嘴巴而已

6 要有同理心，要照顧／提拔部屬，不是自己有利益而已

7 要能指揮、叫得動部屬快速做事

1-22 面對「問題分析」的主要方法及案例

一、企業經營面對「問題分析」，主要可區分為兩大方法，如下：

(一) 中大型／複雜性問題

可採用「樹狀圖示法」及「魚骨圖法」加以深入分析並探索出問題及對策出來。

1. 樹狀圖示法

抓出主要問題點，然後進行分析主要原因及細項原因，如下圖示：

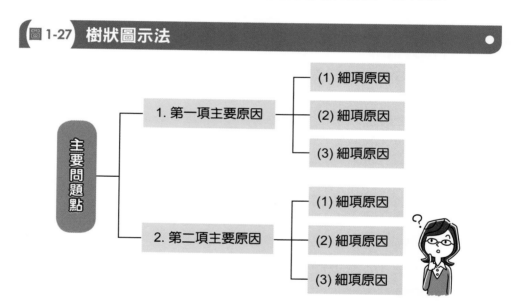

圖1-27 樹狀圖示法

2. 魚骨圖示法

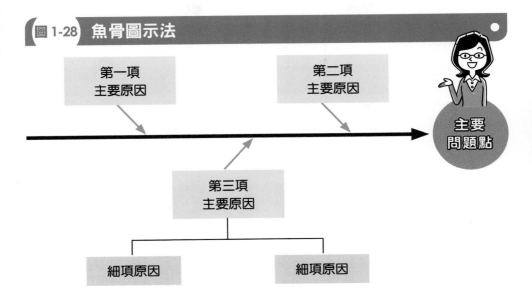

圖 1-28 魚骨圖示法

第一項 主要原因

第二項 主要原因

主要 問題點

第三項 主要原因

細項原因　　　　細項原因

(二) 小型／簡單性問題

即用最簡單的「列點法」即可，不必再花太多心思去分析太多原因，以求快速處理／解決問題點。

二、案例

〈案例 1〉某高科技公司產品良率無法提升的問題點分析

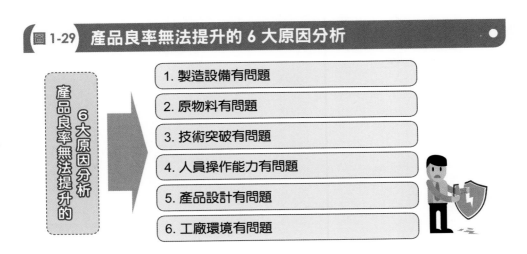

圖 1-29 產品良率無法提升的 6 大原因分析

產品良率無法提升的 6 大原因分析

1. 製造設備有問題

2. 原物料有問題

3. 技術突破有問題

4. 人員操作能力有問題

5. 產品設計有問題

6. 工廠環境有問題

〈案例2〉某日常消費品業績衰退問題點原因分析

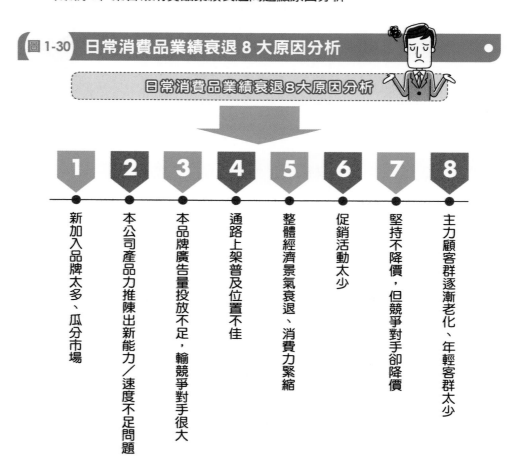

圖 1-30 日常消費品業績衰退 8 大原因分析

日常消費品業績衰退8大原因分析

1	2	3	4	5	6	7	8
新加入品牌太多、瓜分市場	本公司產品力推陳出新能力／速度不足問題	本品牌廣告量投放不足，輸競爭對手很大	通路上架普及位置不佳	整體經濟景氣衰退、消費力緊縮	促銷活動太少	堅持不降價，但競爭對手卻降價	主力顧客群逐漸老化、年輕客群太少

1-23 做好面對問題的「數字管理」

如何做好面對問題的「數字管理」，即建立營運數字指標，有異常，就要即刻分析及解決。

一、數字管理很重要

企業經營必須了解到：「沒有數字，就沒有管理。」數字管理很重要，也是預防問題及解決問題的重要一環。對數字不清楚、不掌握、不重視，企業問題也就得不到預防及解決了。

二、重要的數字管理指標項目

企業有哪些重要的數字指標？如下圖示：

圖 1-31 企業營運的 13 項重要數字管理指標項目

1 | 每天生產製造數字指標。
例如：不良率／良率

2 | 每天銷售量數字指標。
例如：某產品銷售量衰退

3 | 每天來客數／客單價數字指標。
例如：來客數減少

4 | 每季新產品／新品牌上市推出數字指標

5 | 每季產品市占率數字指標。
例如：市占率衰退

6 | 每季競爭對手廣告投放量數字指標

7 | 每年會員回購率數字指標

8 | 每月國內外訂單數數字指標

9 | 每天庫存數變動數字指標

10 | 每次促銷活動成效數字指標

11 | 每年展店數數字指標

12 | 每年員工離職率數字指標

13 | 每季營收額、獲利額、EPS數字指標

三、應該如何做好「數字管理」工作

企業應該如何做好數字管理工作，主要有三件事，如下：

1. 專責人員負責：要求／指定有專責人員負責此事。例如：成立營管單位，要求專人專責負責才行。

2. 建立各項數字指標：接著，就是要建立各項重要數字指標。主要是責成各重要營運單位、各工廠、各子公司、各分公司等，都要建立具體化的數字指標項目才行。

3. 有異常，立即提報上級長官：專責人員每天負責監測各項營運指標，若有異常，就要立刻提報給相關長官及最高決策長官了解、掌握及立刻處理／因應。

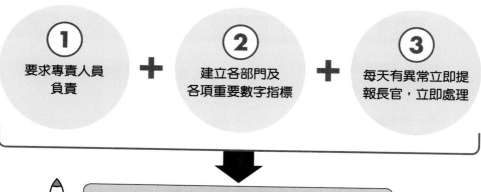

圖 1-32 企業應該如何做好「數字管理」，以利預防問題及解決問題

① 要求專責人員負責 ➕ ② 建立各部門及各項重要數字指標 ➕ ③ 每天有異常立即提報長官，立即處理

可有效預防問題發生及快速處理問題的解決

1-24 問題預防不足而使問題不斷發生的 8 項壞影響

企業面對問題預防不足而導致問題不斷發生時，將對公司產生 8 項壞的影響，如下圖示：

（圖 1-33） 問題預防不足與問題不斷發生，帶來 8 項壞的影響

1. 公司面對大大小小問題層出不窮，窮於應付

2. 將浪費太多人力、物力、財力去應付問題

3. 浪費很多成本花費，損失不小

4. 將使公司業績獲利、市占率、品牌地位，年年下滑衰退

5. 顧客／會員／大客戶不滿意度升高，會流失大客戶

6. 使公司整體競爭力衰退，落後競爭對手

7. 更大者，會影響公司生存問題了

8. 必將影響全員的工作士氣與對公司向心力以及高離職率

1-25 「有效轉型」才能有效解決問題：企業加速轉型是成功關鍵

一、很多大問題解決方法：在企業有效轉型

很多企業經常會面臨棘手的大問題，唯有透過快速轉型，才能有效解決大問題。所以，「企業轉型」很重要，也是企業成功的關鍵所在。

二、企業轉型 2 大類型

實務上，企業轉型可區分為 2 大類型，如下：

（一）「產品組合」轉型

係指將產品線加以調整、改變、升級、改良、轉變。把不賺錢、沒未來性的、市場萎縮的產品線，加速淘汰掉，而加強投入資源在明日之星的、未來肯定看好的、未來會賺錢的、具戰略性產品線的、有競爭力的產品線等方向，加速發展、全力投入、不計代價。

（二）「事業經營組合」轉型

此係指整個事業經營方向的調整、改變、轉向、轉型突圍等發展前進。亦即，把不賺錢、沒未來性、過時的事業別，加速裁撤退出；而轉向有未來性、會賺錢的新事業發展前進。如此，才能解決公司整個事業經營的潛在大問題。

圖1-34 企業轉型 2 大類型與解決問題

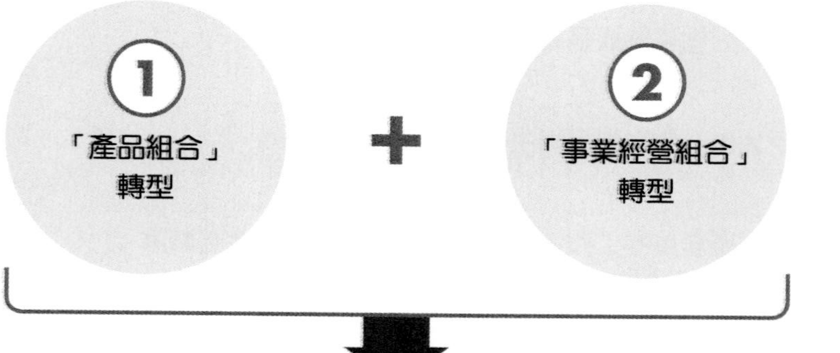

① 「產品組合」轉型 ＋ ② 「事業經營組合」轉型

徹底解決公司未來發展性、未來獲利性、未來存活性的大問題！

三、企業轉型，成功解決問題的案例

〈案例 1〉永泰汽車

1. 成功引進商用車銷售，有效增加好業績。

2. 成功拓展週邊價值公司，例如：租車公司、分期貸款公司等。

〈案例 2〉統一超商

1. 成功開拓：大店化、複合店化、店中店化、City Café 咖啡、鮮食便當、網購店取等。

2. 成功轉投資子公司：星巴客、康是美、聖娜麵包等。

〈案例 3〉日本豐田汽車

加速從燃油車轉型到電動車發展。

〈案例 4〉momo 網購

加速從電視購物轉型到網路購物，開創出年營收 1,000 億元電商網購佳績。

〈案例 5〉桂格食品

從燕麥片、奶粉，成功拓展到保健品公司。

〈案例 6〉民視

從電視台成功開拓到娘家保健品，創造年營收 10 億元銷售。

〈案例 7〉葡萄王

從賣機能飲料轉型到成立保健品直銷公司（葡眾公司），以及國內外保健品代工王國，兩者創下 100 億好業績。

〈案例 8〉恆隆行

代理英國 dyson 小家電一炮而紅。

〈案例 9〉台灣松下（Panasonic）

全方位開拓大／小家電產銷，成功成為國內第一大家電公司。

〈案例 10〉聯合報系

從虧錢的紙媒聯合報轉型到賺錢的聯合新聞網、旅行社、文創展覽公司。

〈案例 11〉宏碁公司

從 PC 及 NB 電腦本業成功轉型到週邊子公司，成功扶植出 3 支小金雞上市櫃公司。

1-26 解決重大問題：跨部門專案小組（委員會）的十二個關鍵成功因素

當企業面對重大問題時，經常會組成一個跨部門的專案小組或專案委員會，來尋求有效的解決對策及完成它；此小組的關鍵成功要素，計有下列十二項：

一、有能力的召集人（領導者）

專案小組的成功，要有一個具備能力、膽識、擔當、威望、肯負責、最佳的召集人來領導這個小組。

二、完整的組織成員

小組內必須要有完整的各領域專業人才，全力協助、投入才行。

三、資料搜集完整

在對問題分析、判斷及提出解決對策／方案時，必須搜集到足夠正確的資料、數字及資訊情報才行。沒有數字，很難判斷。

四、成員要能充分表達意見

小組成員必須要能在各種小組會議上，充分表達出他們的意見、看法、判斷、作法及建議點。

五、要提出多元化的解決方案

負責成員必須向小組及召集人，提出多元化的解決方案，以利從各種觀點來做出判斷及決策。

六、要訂出完成時間表

召集人在會議上，必須訂出明確完成時間表（deadline），以要求全小組成員努力、加速朝此目標期限，全力解決問題，大家才有時間的緊迫感及目標感。

七、指定分工負責人員及單位

召集人在會議上也必須指定各分組的分工負責與執行人員，大家分工合作進行，發揮團隊精神，加速問題解決。

八、要求速度、敏捷、機動、彈性原則

召集人必須召示大家工作上秉持四大原則：速度性、敏捷性、機動性、彈性。

九、要採用動態性決策，不斷調整，直到成功為止

召集人必須保持動態性決策思維，在解決問題過程中，不斷調整、作法、方向、組織、人力、預算投入、策略等，直到成功為止。

十、召集人獲得老闆最大授權

專案小組召集人必經獲得老闆最大授權，才可以發揮跨部門的領導力及協調力。

十一、定期回報老闆

召集人必須定期向老闆回報執行進度及情況，並請示老闆有無指示。

十二、確信能達成解決問題為最大目標及使命

全體成員必須抱持儘早達成解決問題，為他們的最大目標及使命。

圖 1-35 解決重大問題：跨部門專案小組 12 個關鍵成功要素

1 有能力與領導力的召集人

2 完整的組織成員

3 資料搜集完整。

4 成員要能充分表達意見

5 要提出多元化的解決方案

6 要訂出完成時間表

7 指定分工負責人員及單位

8 要求：速度性、敏捷性、機動性、彈性（四大原則）

9 要採用動態性決策，不斷調整，直到成功

10 召集人要獲得老闆最大授權

11 要定期回報老闆

12 要以儘快解決問題為最大目標及使命

企業在實務上所面臨的大大小小問題，其實可以簡單區分為兩大類型，如下：

一、高階經營戰略型問題

包括可能出現下列問題點：

1. 中長期（3～5年）事業版圖拓展戰略規劃問題。
2. 未來第二、第三條成長曲線戰略規劃問題。
3. 中長期（3～5年）技術發展方向戰略規劃問題。
4. 未來（3～5年）全台拓店、展店戰略規劃問題。
5. 未來多品牌策略發展戰略規劃問題。
6. 公司產品組合及事業經營組合戰略規劃問題。
7. 多角化成長發展策略規劃問題。
8. 集團子公司化發展藍圖戰略規劃問題。
9. 全球化／海外布局戰略規劃問題。
10. 併購成長戰略規劃問題。
11. 未來（3～5年）上市櫃戰略規劃問題。
12. 提高獲利目標戰略規劃問題。
13. 中長期全球供應鏈戰略規劃問題。
14. 因應未來地緣政治變動之戰略規劃問題。
15. 未來（3～5年）因應 ESG 需求之戰略規劃問題。
16. 未來（3～5年）全集團長期人才發展戰略規劃問題。
17. 中長期發展資金準備戰略規劃問題。
18. 提升品牌資產價值戰略規劃問題。
19. 拓展通路為主長期戰略規劃問題。
20. 公司長期願景達成戰略規劃問題。
21. 未來（3～5年）先進技術保持領先之戰略規劃問題。

二、日常營運戰術型問題

此類問題，係指比較偏重在每天日常營運／產銷過程中，由各功能部門、各工廠、各子公司、各分公司、各館、各品牌等所產生的問題點。可能包括：

1. 生產／製造問題。
2. 採購問題。
3. 品管問題。
4. 研發／技術問題。
5. 銷售／客戶問題。
6. 品牌／行銷問題。
7. 通路問題。
8. 物流問題。
9. 門市店／專櫃問題。
10. 售後服務問題。
11. 會員經營問題。
12. 工程問題。
13. 供應商問題。
14. 稽核問題。
15. 智產權問題。
16. 資訊 IT 問題。
17. 財會問題。
18. 人資問題。
19. 組織問題。
20. 總務問題。
21. 設計問題。

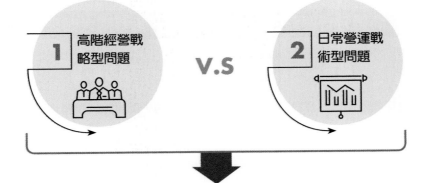

圖 1-36　問題解決區分為兩大類型：戰略與戰術型問題

在公司處理、討論、分析、判斷、對策問題解決上，公司專案小組或個別處理單位，必須搜集足夠的相關資訊、資料、數字、情報等，才能做出正確、有效的決策與作法出來。而這些有賴二大類來源或管道，包括：

一、公司內部資訊來源

公司各部門、各工廠、各單位、各分公司、各營業所、各研發中心、各門市、各專櫃、各館、各品牌等，所必須搜集到的資訊、資料、情報等。

二、公司外部資訊來源，包括如下外部單位：

1. 經銷商。
2. 大型零售商。
3. 代工廠。
4. 原物料供應商。
5. 各公會、協會。
6. 政府機構。
7. 國外先進友好同業。
8. 各種專業協力公司（如：廣告公司、公關公司、媒體代理商、數位行銷公司、網紅經紀公司、會計師事務所、律師事務所、展覽公司、市調公司、設計公司、工程技術公司、媒體公司等）。
9. 各學者／專家／顧問等。

圖1-37 問題分析與解決的資訊／資料／情報兩大類來源

①
公司內部資訊／資料來源

＋

②
公司外部資訊／資料／情報來源

幫助完整的問題分析與問題解決方案與決策！

1-29 「市場面」問題解決對策的 19 種意見管道來源

一、市場面各項問題點

　　企業經營，尤其是內需型的日常消費品業、耐久性商品業、傳統製造商品業及服務業等，經常會遇到「市場面／行銷面」的大大小小問題出現，例如：

1. 業績衰退。
2. 景氣不佳。
3. 市占率下滑。
4. 品牌領導地位被超越。
5. 公司規模太小。
6. 來客數／客單價下滑。
7. 市場被瓜分。
8. 競爭品牌太多。
9. 進入門檻太低。
10. 面對國外大品牌競爭。
11. 規模經濟太小。
12. 售價下滑。
13. 賣場不能上架／上架位置不佳。
14. 經銷商太弱。
15. 產品力不佳。
16. 品牌知名度太低。
17. 廣告預算太少。
18. 公司無力投放廣告、財務力量太低。
19. 品牌指名度／信賴度未建立。
20. 大型零售通路進不去。
21. 新產品推出太慢／太少。
22. 產品設計／品質／功效均不佳。
23. 公司銷售人員團隊戰力太低。
24. 公司門市店太少未達經濟規模。
25. 粉絲團經營太弱。

26. 業績始終無法成長。

27. 營收額偏低，致使虧損／不賺錢。

二、19 種參考改革與問題解決意見來源管道

面對上述在「市場面／行銷面」的內需市場大大小小問題點，可以尋求內外部來源管道，廣泛搜集意見，才能有效／精準的訂出「解決對策」、「解決方案」出來。茲列舉下列 19 種內外部表達意見來源管道，如下：

1. 全台經銷商意見。

2. 全台大型零售商意見。

3. 消費者市調結果意見。

4. 第一線門市店、專賣店、專櫃人員意見。

5. 全台業務人員意見。

6. 公司商品開發人員意見。

7. 公司行銷企劃人員意見。

8. 公司客服人員意見。

9. 公司會員部人員意見。

10. 廣告公司意見。

11. 公關公司意見。

12. 媒體代理商意見。

13. 數位行銷公司意見。

14. 設計公司意見。

15. 原物料供應商意見。

16. 代工廠意見。

17. 製造設備公司意見。

18. 國外第一名同業公司意見。

19. 物流部人員意見。

1-30 少數「困難問題」得不到解決的 16 個原因分析

企業經營，尤其是中小型企業、小品牌、小公司，經常會面對困難問題而無法加以有效解決，茲圖示如下 16 個原因，中小企業可從這些原因中，努力尋求突圍，而順利發展下去：

圖 1-38　中小企業／小品牌／小公司經常面對不易解決的問題的 16 個可能原因●

1. 優秀人才數量不足

2. 技術／研發升級能力不足

3. 財務資金能力不足

4. 公司規模太小

5. 市場品牌力不足

6. 通路上架能力不足

7. 後發品牌不易超越先發品牌

8. 進入障礙太低，競爭者太多

9. 成本偏高，市場競爭力不足

10. 關鍵原物料／零組件不易買到

11. 製造技術不足

12. 海外市場開拓不易

13. 國內市場漸趨飽和

14. 公司獲利少，對員工的薪水、獎金、福利太弱，留不住好人才

15. 國外大品牌進入國內市場，本土品牌資源不足，無力應對

16. 工廠成立時間太短，學習曲線仍未形成，使成本偏高

1-31 永保危機意識、永遠推陳出新、永遠布局未來：將可大大減少問題發生

企業經營為什麼會不斷出現問題，當然是因為很多人為因素，包括：

1. 人才不足。
2. 資金不足。
3. 制度不足。
4. 品牌力不足。
5. 技術不足。
6. 設備不足。
7. 薪水／資金不足。
8. 無危機意識。
9. 太安逸、太過自滿。
10. 停止進步了。
11. 眼光不夠遠。

當然，另外也有很多大環境不斷變化所帶來的大大小小問題，可說是「內憂外患」。但如果從宏觀角度上看，企業如果能夠做好下列三大努力，必可大大減少不利問題的發生。

一、減少問題發生的最根本三點

（一）**要永保危機意識**：企業經營必須不能自滿、不能太鬆懈、不能太安逸、不能太驕傲、要隨時「居安思危」、要永保「危機意識」，如此才會永遠向前進步、永遠保持領先、永遠不停止。

（二）**要永遠推陳出新、與時俱進**：第 2 點，企業經營要永遠推陳出新、要永遠與時俱進，不能太守舊保守、太官僚、太封閉、太傳統、太老化等，如此才能獲得消費者支持，也才能滿足消費者不斷變化的需求、期待及想望。只有這樣，才不會被消費者淘汰，也才不會被競爭對手超越，而使自己成為落後者。

（三）**要永遠布局未來、超前部署**：第 3 點，企業經營永遠不能太短視、只看眼前、只做好今天、只做好現在，而缺乏遠見、缺乏前瞻性、缺乏高度、缺乏洞燭機先；反而是要提前為中長期專業發展著想，做好「布局未來」及「超前部署」，能夠如此，企業所面臨的大大小小問題可有效減少。

圖1-39 從宏觀角度看，企業減少問題發生的最根本三點

1 要永保危機意識、要永遠居安思危	
2 要永遠推陳出新、要永遠與時俱進	➡ 必可大大減少對公司不利問題的發生！
3 要永遠布局未來、要永遠超前部署	

企業實務上，對問題解決的決策流程，主要有兩種模式，如下：

一、高階決策性質

由董事長、總經理、執行長等高階決策主管召集相關各部門一級主管組成團隊討論，並在會議上由董事長做出最終決策與指示。

二、基層決策性質

由基層相關主管組成小組，先行開會討論並初步做成決策，然後再轉呈高階主管了解後，再做出是否同意基層主管的決策指示。

圖 1-40 問題解決決策流程的兩種模式

1 高階決策性質

由董事長／總經理直接下達決策指示

VS.

2 基層決策性質

上呈董事長／總經理下達是否同意指示

在實務上，企業經營對如何做好「問題預防」的決策管理，有二種作法：

一、提前做好「準備方案」

很多大公司都會要求各子公司、各部門、各工廠、各分公司、各中心，平時就要提前做好各種問題可能發生的狀況及應對方案，如此才不會措手不及，這就是「提前管理」及「預備管理」的真正落實。

二、每年一次召開大會檢討

每年一次，針對過去一年，各部門、各工廠、各中心有沒有做好「預備管理」落實的檢討大會，從檢討大會中，提高各一、二級主管的警覺心及準備心。

圖1-41 重視「問題預防」的決策管理二種作法

① 提前做好「準備方案」

➕

② 每年一次召開大會檢討

真正落實「問題預防」的管理工作！

1-34 問題發生到問題解決的六個步驟

企業實務上，從問題發生到解決，應有完整的六個步驟，如下述：

一、迅速召集開會討論及分工

當企業各單位發生問題了，相關主管必會迅速召集相關人員開會、討論、了解問題狀況，並且下達分工工作。

二、提出分析、解決方案討論及裁示

接著，依照分工，各分工單位就趕快進行問題分析及研訂解決方案，然後再到第二次開會時向長官提出報告、討論，並由長官下達決策裁示／指示。

三、各單位展開執行力，動作要快

依照長官裁示後，各單位就分工進行解決方案的執行與推動，力求儘快於時限內解決問題。

四、查核問題是否得到解決

接著，分工執行單位就要定時回報問題是否得到改善、解決，並且要派人去實地查核問題是否真的有解決了。

五、問題結案，建立／改善 SOP，避免日後再發生

第 5 步驟，若問題真的得到解決，就可以將問題結案，寫成結案報告供以後參考，並且要建立或調整改善 SOP（標準作業流程），以避免日後再產生類似問題點

六、問題具長期性，展開長期性努力解決

但，企業少數問題，不是一天、二天、一週、二週就能真的得到解決的，可能需要一個月、一季、甚至半年長時間才能夠解決。此時，問題解決專案小組就必須訂定長期解決方案，依時程，有耐心的努力推進改善，直到最後的問題解決。

圖 1-42 問題發生到解決的實務 6 步驟

步驟 1　問題出現了，迅速召集開會討論及分工

步驟 2　於期限內，提出分析、解決方案討論及裁示

步驟 3　各分工單位展開執行力，動作要快

步驟 4　一段時間後，查核問題是否得到解決

步驟 5　問題結案，建立及改善 SOP，避免日後再發生

步驟 6　有些問題具長期性，展開長期性努力解決

1-35 做出問題決策後的後續步驟

企業在問題解決上，當負責主管下達決策指示後，各分工小組就會分別展開執行力，推動問題的解決。而問題是否解決，會出現二種狀況：

一、已順利解決

當問題得到順利解決之後，企業應有下列後續 5 項措施，以求更加完善，包括：

1. 建立或改善制度及 SOP 作業流程，使此類問題日後不再發生。
2. 建立定期維修製造設備或更新製造設備，以保證問題不再發生。
3. 寫成報告書並輸入公司共同問題資料庫內，供為後人參考、借鏡、使用。
4. 展開宣傳、傳達工作，提醒相關單位及人員，如何避免此類問題重覆發生。
5. 獎勵問題解決的工作小組成員，感謝他們快速為公司、為工廠解決不利問題，使公司能正常營運。

二、未能順利問題解決

此時，工作小組及決策主管就必須再調整解決方法、對策、人力、物力、方向，以力求問題能夠儘速得到順利解決。

圖 1-43　企業面對問題解決後，後續 5 項工作

1 建立或改善制度及 SOP，使此類問題日後不再發生	2 建立定期維修及更新製造設備，以保證問題不再發生	3 寫成總結報告書，輸入公司共同問題資料庫內，供為後人參考／使用
4 展開宣傳、傳達工作，期使人人知道、吸收經驗	5 獎勵工作小組，感謝他們為公司解決不利問題	

務使同樣問題日後不會再重覆發生！

1-36 如何有效做好問題預防與問題解決的「管理 22 化」

就全方位管理面向來看，企業應如何才能有效做好「問題預防」與「問題解決」的管理 22 化呢？如下圖示：

圖 1-44 有效做好問題預防與問題解決的「管理 22 化」

1	2	3	4	5
制度化	規章化	SOP 化	定期考核化	稽核化（稽核室八大循環稽核）
6	**7**	**8**	**9**	**10**
超前布局化	可視化	數位化	前瞻遠見化	應變計劃化
11	**12**	**13**	**14**	**15**
賞罰分明化	激勵化／獎勵化	跨業合作化	設備自動化／智能化	經營策略正確化
16	**17**	**18**	**19**	**20**
改革化／創新化	團隊合作化	人才進步化	技術領先化	企業形象良好化

21	22
應對機動化／快速化／彈性化／敏捷化	技術升級化／領先化／加值化

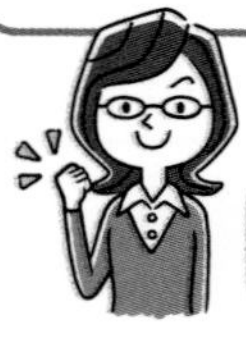

會有效做好、做對問題預防與問題解決的關鍵管理 22 化

1-37 如何面對及做好外部環境不利問題產生三種作法

既然外部大環境的不利變化對企業經營必然帶來或大或小的衝擊及不利問題產生，那麼企業該如何有效作法，降低衝擊性呢？主要有三點，如下：

一、成立「環境偵測小組」，專責部門、專責人員負責

首先，企業必須先成立「環境偵測小組」，由專責部門及專責人員負起預先的環境變化偵測、注意及預防。

二、每月定期提報一次

其次，此小組必須每個月一次召開「環境偵測報告會議」，提出一個月內所搜集到的外部大環境變化的各種資訊、資料、數據、專題分析等，向出席會議的各部門／各工廠一級主管提出每月的專題環境偵測報告、分析及建議。然後再由出席長官相互討論及做出預備性決策因應。

三、每年召開一次年度檢討大會

第三點，每年 12 月底時，由董事長主持，召開這一年來外部大環境的演變及各部門／各工廠／各子公司／各分公司／各中心的應對計劃、應對策略、應對作法及應對成效報告等。

圖 1-45　如何做好面對外部大環境不利問題產生

1
成立「環境偵測小組」，由專責部門、專責人員負責

+

2
每月定期提報一次及互動討論與下決策指示

+

3
每年召開一次環境因應工作年度檢討大會

做好面對外部大環境變化帶來的不利問題產生

1-38 問題解決，需借助公司內外部門「團隊合作」力量才可解決

一、團隊合作很重要

企業面對大大小小問題，若是日常小問題，各部門、各單位、各工廠，自己單一單位即可迅速開會加以解決。但是，如果碰到大問題或長期性／戰略性重大問題時，就必須成立：

1.跨部門，2.跨單位，3.跨工廠，4.跨子公司，5.跨分公司，6.跨外部單位，的專案小組或專案委員會，透過緊密的「團隊合作」力量、資源、人力、物力，才有可能得到解決。所以，「團隊合作」的精神及運作，是相當重要的。

二、團隊合作組織案例

茲列舉團隊合作組織小組成員案例如下：

〈案例1〉

（一）名稱：因應公司業績下滑及市占率衰退專案小組。

（二）組成單位：

1.營業部（業務部），2.行銷企劃部，3.商品開發部／設計部，4.製造部&品管部，5.企劃部，6.物流部，7.採購部。

〈案例2〉

（一）名稱：提高公司生產良率專案小組。

（二）組成單位：

1.研發部，2.製程技術部，3.品管部，4.採購部，5.設計部，6.營業部（客戶部），7.設備部，8.製造組裝部。

圖 1-46 問題解決時團隊合作組織成員

1 跨部門	2 跨單位	3 跨工廠
4 跨子公司	5 跨分公司	6 跨外部單位

組成團隊合作小組，才能真正解決複雜大問題

1-39 問題解決「對策思考」必須做到 5 要

　　企業實務上，各單位或跨單位人員及領導主管，在面對問題及分析問題解決的思考上，應該做到 5 要，才會比較周全／有效的／真正的落實問題的解決。這5 要「思考」是：

1. 要看得深（有深度）：不要把問題看淺了。
2. 要看得廣（有廣度）：不要把問題看窄了。
3. 要看得遠（有遠度）：不要把問題看短、看近了。
4. 要看得快（有快度）：不要拖拖拉拉、議而不決、決而不行。
5. 要看得高（有高度）：不要把問題看低了。

圖 1-47　問題解決「對策思考」必須做到 5 要思考力

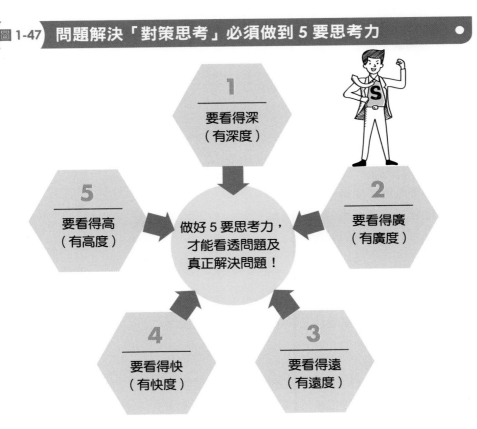

1　要看得深（有深度）

2　要看得廣（有廣度）

3　要看得遠（有遠度）

4　要看得快（有快度）

5　要看得高（有高度）

做好 5 要思考力，才能看透問題及真正解決問題！

茲總歸納公司各重要部門，在實務上可能產生的問題項目，如下述：

一、製造部（生產工廠）問題

1. 不良率偏高。

2. 品質不夠穩定。

3. 最高品質做不到。

4. 生產效率不夠高。

5. 學習曲線（降低成本）尚未形成。

6. 庫存量偏高。

7. 資深技術人員不夠穩定／離職率高。

8. 製造設備老化、自動化不足、先進化不足。

9. 現場缺工嚴重。

10. 多樣少量模式能力不足。

11. 工廠員工自我精進態度不足。

12. 製造成本高於競爭對手。

13. 工廠人員遵守 SOP 流程操作不足。

14. 工廠人員工作紀律不足。

二、品管部問題

1. 品管制度／規章不夠嚴謹。

2. 品管落實度不足。

3. 品管設備不夠先進。

4. 品管人才不足。

5. 無法做到 100% 品管要求。

三、採購部問題

1. 採購原物料、零組件品質不夠好、不夠穩定。

2. 採購成本偏高。

3. 採購交期不夠及時。

4. 採購供應商過於集中，恐有風險。

5. 採購人員收取回扣。

四、研發部／技術部問題

1. 高級、尖端、先進研發人才及技術人才的素質不夠、人數不夠。
2. 在先進／尖端研發領域落後競爭對手。
3. 新品開發速度太慢、成功率偏低。
4. 未來研發、技術發展方向未正確掌握。
5. 研發、技術創新精神不足。
6. 研發與製造協同度不夠好。
7. 研發／技術人員薪資、獎金落後競爭對手。
8. 研發／技術人員不夠穩定，被挖角率高。

五、營業部（業務部，B2B 業務）問題

1. 國內外大客戶過於集中、不夠分散、風險高。
2. 大客戶訂單殺價，使獲利太低。
3. 大客戶訂單減少，經濟景氣不佳。
4. 大客戶服務滿意度仍待改善。
5. 大客戶自身的成長性不足。

六、行銷企劃部（B2C 消費品、B2C 耐久性品）問題

1. 品牌力不足（知名度、好感度、信賴度、忠誠度均不足）。
2. 廣告預算不足。
3. 業績衰退、成長不易、市場被瓜分。
4. 產品力不夠好。
5. 通路上架普及率偏低、通路據點數偏少。
6. 產品推陳出新不足。
7. 主顧客群老化、年輕客群偏少。
8. 品牌逐漸老化。
9. 行銷創新度不足。
10. 定價沒有高 CP 值感。
11. 通路陳列空間及位置不佳。
12. 促銷活動太少。
13. 缺乏重量級代言人。
14. 產品定位不清楚。

七、門市部問題

1. 門市店數仍少，增加太慢。
2. 門市店第一線人員離職率高，不易找人。

3. 門市店裝潢及店型日趨老舊。

4. 門市店租金成本日趨上漲。

5. 台北都會區門市店不易找，租金上漲，好位址缺少。

6. 門市店人員服務水準仍不佳。

7. 不賺錢的門市店仍未關掉。

八、售後服務部／技術維修部／客服中心部問題

1. 售後服務人力不足，素質不夠高。

2. 售後服務制度革新不夠。

3. 售後服務完成時間太長。

4. 售後服務接電話等待時間太久。

5. 售後服務解決問題能力不足。

6. 售後服務態度不佳、禮貌不足。

7. 售後服務滿意度不足。

九、人資部問題

1. 員工離職率偏高。

2. 員工向心力不足。

3. 員工素質仍待提高。

4. 找不到高級人才。

5. 員工進步能力不足。

6. 員工競爭力仍輸競爭對手。

7. 員工加薪、晉升不夠制度化。

8. 員工薪水、獎金、福利仍輸競爭對手。

9. 社群上對公司負評太多。

10. 員工生涯路徑圖與發展不夠制度化。

十、財務部問題

1. 公司整體資金能力不足。

2. 公司仍未上市櫃。

3. 公司負債比例偏高。

4. 公司自有資金比例偏低。

5. 公司上市股價偏低。

6. 銀行擔保品不足。

7. 資金週轉有困難。

8. 財務長策略規劃能力不足。

9. 轉投資子公司、轉投資海外、轉投資房地產仍不夠嚴謹。

1-41 問題解決的 P-D-C-A 管理循環

問題解決的管理循環，可以簡化為四字，即 P-D-C-A。

一、P: planning（規劃）

任何事情的解決，必須先由幕僚單位、業務單位或工廠，先做好「規劃」、「計劃」、「企劃」的完整思考步驟及內容，然後再執行，這樣比較有把握，不會想到哪做到哪，有所遺漏、不夠周全。

二、D: doing（執行力）

要展現執行力，執行力的要求是：
1. 派出最有執行力的小組及成員。
2. 執行力要快速、敏捷、精準，切勿拖拖拉拉、浪費時間。
3. 執行力要訂下完成日期點。

三、C: check（考核、考查）

執行完成之後就要由第三方單位及自己單位，雙方進行考核、查核，看看問題是否已經有效解決，或是仍潛藏問題點。

四、A: action（再調整、再行動）

若是執行後仍有問題存在，就要馬上調整作法、方向、策略、人力、物力、組織等，然後再出發、再行動，直到問題真正得到解決為止。

圖 1-48 問題解決「對策思考」必須做到 4 要思考力

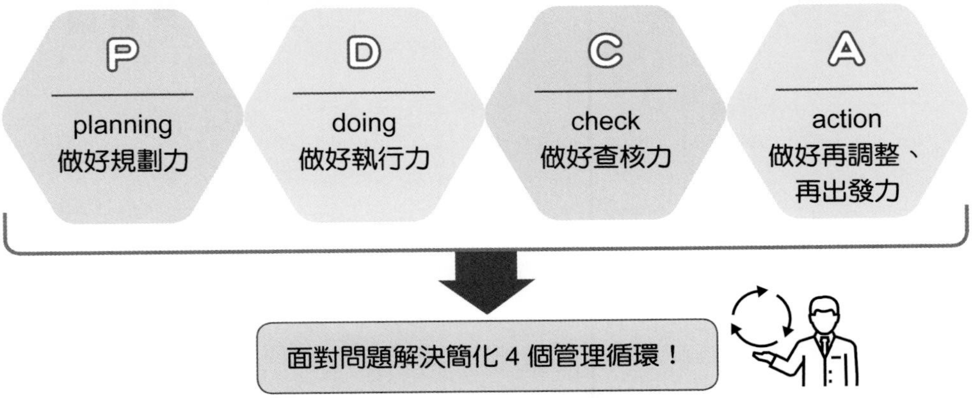

Ⓟ	Ⓓ	Ⓒ	Ⓐ
planning 做好規劃力	doing 做好執行力	check 做好查核力	action 做好再調整、 再出發力

面對問題解決簡化 4 個管理循環！

1-42 按各部門區分：較重要的 19 種重要問題解決決策種類

如果按公司各種功能部門來看，可以列出較重要的 19 種問題解決之決策，如下圖示：

圖 1-49 問題解決決策 19 個種類（按各重要部門區分）

1. 經營策略決策
2. 財務決策
3. 製造／生產決策
4. 人力資源決策
5. 採購決策
6. 物流運籌決策
7. 研發／技術決策
8. 智產權決策
9. 銷售／客戶決策
10. 品牌／行銷決策
11. 銷售通路決策
12. 全球化布局決策
13. 產品組合發展決策
14. 定價決策
15. 組織結構決策
16. 會員經營決策
17. 多品牌策略決策
18. IT 資訊化決策
19. 售後服務決策

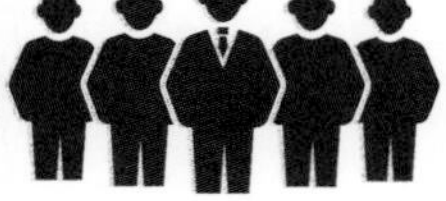

1-43 當面對重大「企業危機」問題解決三要點

少數狀況時，企業偶而也會發生重大企業危機問題的產生，而致使媒體大幅不利報導，嚴重影響企業形象與營運發展時，企業必須堅定三要點，以求迅速解決危機狀況，如下：

一、主動／快速公開認錯

當危機問題的錯誤是發生在我們自身公司上，那就要馬上公開認錯，包括：公開舉行記者會認錯，或發佈正式新聞稿認錯均可。危機事件不能拖，最好在一、二天內了解清楚之後，即能公開認錯，以降低媒體大量後續不利報導，導致不可收拾。

二、儘快提出解決對策

第二步，公開認錯一、二天之後，公司就要迅速提出解決對策，包括：

1. 賠償消費者。
2. 收回不良品。
3. 處分出錯人員。
4. 調整組織。
5. 加強制度及 SOP。
6. 注重食安。
7. 加強人員訓練。

三、避免以後再犯同樣錯誤

第三步，公司要避免以後再犯同樣錯誤，必須提出內部問題改善方案：

1. 加強食安控管。
2. 加強品質嚴管。
3. 加強制度／ SOP 流程／稽核改良與改革。
4. 加強人員操作素質及能力。
5. 加強賞罰政策。
6. 加強預防計劃。
7. 加強全員教育訓練。
8. 增購最新設備。
9. 立即調整組織及人事。
10. 落實個人＋主管連帶負責制。

圖 1-50 當面對重大「企業危機」大幅新聞報導時的因應三要點 ●

①
主動／快速
公開認錯

②
儘快提出
解決對策

③
避免以後再犯
同樣錯誤

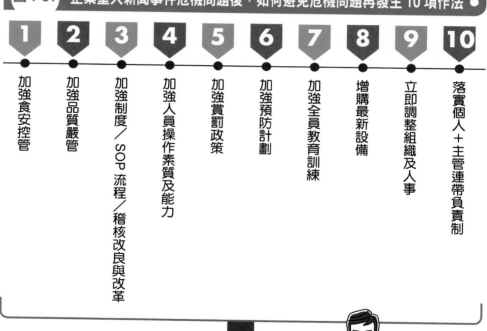

圖 1-51 企業重大新聞事件危機問題後，如何避免危機問題再發生 10 項作法 ●

1 加強食安控管

2 加強品質嚴管

3 加強制度／ SOP 流程／稽核改良與改革

4 加強人員操作素質及能力

5 加強賞罰政策

6 加強預防計劃

7 加強全員教育訓練

8 增購最新設備

9 立即調整組織及人事

10 落實個人＋主管連帶負責制

才能避免危機新聞的問題再發生！

1-44 問題解決決策，永遠沒有終點的原因

一、計劃趕不上變化

其實，企業經營常會面臨很多的外在環境變化，使得企業今天解決這個問題，明天又會冒出來另外的新問題，導致企業的下決策永遠沒有終點的感受。

我們經常講「計劃趕不上變化」就是這個意思。因此，我深深感覺到，雖然前面講了很多的問題解決及問題下決策，但從企業每天都在動態中去存活、去競爭、去面對時，真的，企業下決策應抱持沒有終點的一天。只要企業存活一天，就要面對新決策的一天。

二、問題下決策，沒有終點的 9 大原因

企業問題解決下決策，沒有終點的一天，其 9 大原因如下圖示：

圖 1-52 問題下決策，沒有終點的 9 大原因

1	消費者在變化中
2	大客戶在變化中
3	經濟景氣在變化中
4	競爭對手在變化中
5	整體市場在變化中
6	銷售通路在變化中
7	產業結構在變化中
8	供應鏈在變化中
9	國內外法規、人口、老年化、不婚化、少子化，在變化中

所以，決策沒有終止的一天！企業永遠面對新問題的產生，

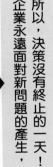

1-45 對問題解決：保持「追根究底」的精神、態度與 8 項要點

一、「追根究底」模式的緣起

國內台塑集團已過世很多年的董事長／創辦人王永慶先生，當年在經營國內大企業台塑集團時，曾經說過最經典的一句話：「企業經營，永遠要保持追根究底的精神，所有管理才能上軌道。」因此，他創設了「總經理室」及「管理中心」，以集權方式強力管理旗下各個子公司。果然收到經營效率與效能的大大提升，而成為其他各大企業參考學習的對象與作法。

二、「追根究底」的 8 項內涵

1. 要專責、專人負責到底。
2. 不要分析表面原因，要追出深層、多元原因。
3. 不要短期性解決，而要長期性／根本性／徹底性解決問題。
4. 要五年、十年、二十年、五十年，永遠不要再發生類似可控的問題。
5. 面對不可控的問題，也要儘量把它們變成是可預防、可控的。
6. 追根究底必定要區分出：人的問題、設備問題、制度問題、系統問題或外在環境問題？或是上述多個因素相連結問題？
7. 追根究底要堅持每個人的獨立思考性，不要長官一言堂，不要官大學問大。
8. 不要草率結案，應付老闆。

圖 1-53 對問題分析、問題解決，必須保持「追根究底」8 項內涵要點

1. 要專責、專人負責到底
2. 不要分析表面原因，要追出深層、多元原因
3. 不要短期性解決，而要長期性／根本性／徹底性解決問題
4. 要保證五年、十年、二十年、五十年不再發生此類可控問題
5. 面對不可控問題，要提前做好預防及準備方案
6. 要區分出哪一個出問題？是人、設備、制度、系統，還是外在環境問題？
7. 要堅持每個人的獨立思考性，不要官大學問大，不要長官一言堂
8. 不要草率結案，應付老闆

根本性的真正解決問題，不再發生！唯有「追根究底」才能長遠性／

1-46 強化問題預防及問題解決，才能有效提高公司整體經營績效

一、公司整體經營績效重要 14 項指標

公司經營的最終目標之一，就是要努力、用心、盡全力的提高公司每年度的經營績效指標。最重要的，計有下列圖示 14 大項：

圖1-54　每年度公司整體經營績效重要 14 項指標

1　每年營收（業績）成長率

2　每年獲利成長率

3　每年 EPS 成長率

4　每年品牌市占率／公司整體市占率提升

5　每年品牌領導地位提升

6　每年顧客滿意度提升

7　每年顧客／會員回購率提升

8　每年主顧客人數／會員人數增加

9　製造良率提升

10　保持 100% 高品質保證

11　企業優良形象提升

12　人事離職率下降、員工滿意度提升

13　獲得幸福企業稱讚

14　先進技術保持領先

二、強化及做好問題預防及問題解決，才會提升整體經營績效

如果，一家公司不斷出現大大小小問題，大家疲於奔命解決這些問題，這家公司就很難好好經營，經營績效也很難做好。所以，公司平常就必須強化及做好問題預防及問題解決，才是提升經營績效的根本重點所在。

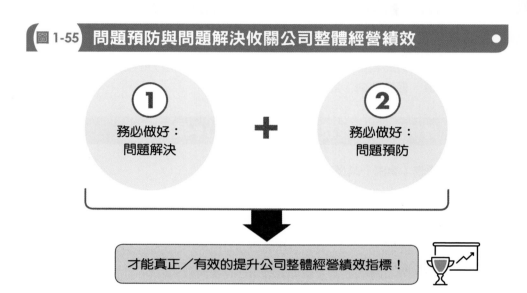

圖 1-55 問題預防與問題解決攸關公司整體經營績效

① 務必做好：
問題解決

+

② 務必做好：
問題預防

才能真正／有效的提升公司整體經營績效指標！

1-47 唯有堅定以「顧客／客戶」為關鍵核心點，才能有助問題預防與問題解決

一、企業經營什麼最重要？沒有顧客／客戶，一切收入都沒了，企業就成空了

企業的經營，要活下去、要賣出產品、要有收入來源，最關鍵的核心點就是要有顧客或客戶。

1. B2C 業務：稱為「顧客」或「消費者」。
2. B2B 業務：稱為「客戶」或「大客戶」、「主力客戶」。

總之，顧客及客戶是公司能存活下去的唯一收入來源，沒有他們，公司就不會存在，也不會營運了。

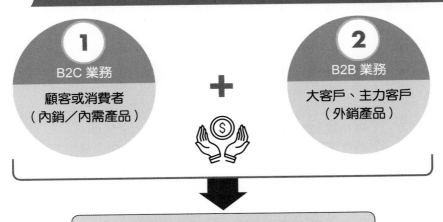

圖 1-56 顧客及客戶是公司唯一收入來源，沒有他們，公司就是空的了

1		2
B2C 業務	**+**	**B2B 業務**
顧客或消費者（內銷／內需產品）		大客戶、主力客戶（外銷產品）

公司收入唯一來源！非常重要！

二、如何做好對「顧客」、「客戶」的 6 項要點

那麼，企業到底應如何做好對「顧客」（內銷）及「客戶」（外銷）呢？如下圖示 6 項要點：

圖 1-57 如何做好對「顧客」及「客戶」的 6 項要點

1 凡事要從顧客／客戶為出發點、為優先點、為根本點的思維及實踐

2 務必要及時超前、預見的滿足顧客／客戶的需求、期待及想望

6 要讓 B2B 大客戶能夠賺錢、能夠提升競爭力；大客戶好，我們就會好

3 要時時刻刻為顧客／客戶創造更多、更高的附加價值出來

5 要為廣大顧客及消費者帶來更美好生活的承諾及使命

4 要長期性的贏得顧客／客戶的信任、肯定、支持、讚美與依賴及成為首選

1-48 消費品／耐久性品的常見六大類問題點總歸納

消費品及耐久性品廠商經常遇到的六大類問題點如下：

一、產品力問題點

1. 品質、包裝、功效、功能、成分、質感、口味、設計、創新度，都不如競爭對手。
2. 好吃度、好用度、好看度、耐用度、省電、省油等，也都不如競爭對手。
3. 附加價值創造不足。
4. 產品推陳出新程度不足。

二、定價力問題點

1. 定價偏高、成本偏高。
2. 價格與價值無法契合。

三、通路力問題點

1. 通路上架據點數不夠普及、不夠方便性。
2. 通路陳列位置及空間不好。

四、推廣力問題點

1. 廣告預算不足。
2. 促銷力度不足。
3. 人員銷售團隊人力及素質不足。
4. 媒體報導曝光度不足。
5. 品牌打造不足。
6. 社群粉絲經營不足。
7. 缺乏有力代言人。

五、服務力問題點

1. 服務人力及素質不足。
2. 服務速度太慢。
3. 服務態度不佳。
4. 服務專業度不足。

六、競爭力問題點

1. 競爭對手及競爭品牌太多，大家瓜分市場愈來愈小。
2. 產品進入門檻太低。
3. 後發品牌空間不大，競爭很吃力。
4. 產品無特色、無差異化、無獨特性，很難突圍。

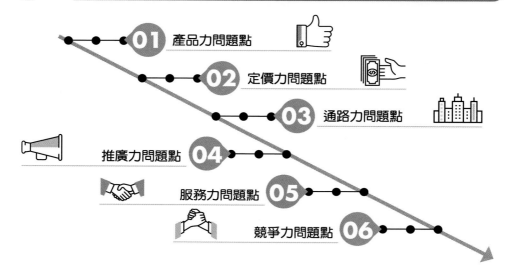

圖 1-58 消費品／耐久性品常見六大類問題點

- **01** 產品力問題點
- **02** 定價力問題點
- **03** 通路力問題點
- **04** 推廣力問題點
- **05** 服務力問題點
- **06** 競爭力問題點

1-49 問題預防的七大種類及細項

企業實務上常見的問題預防，計有七大類，細項如下：

一、銷售／行銷類

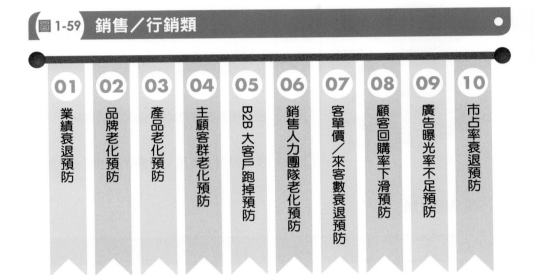

圖 1-59 銷售／行銷類

01	02	03	04	05	06	07	08	09	10
業績衰退預防	品牌老化預防	產品老化預防	主顧客群老化預防	B2B 大客戶跑掉預防	銷售人力團隊老化預防	客單價／來客數衰退預防	顧客回購率下滑預防	廣告曝光率不足預防	市占率衰退預防

二、生產／製造／品管類

圖 1-60 生產／製造／品管類

1. 品質不穩定預防	2. 不良率偏高預防	3. 生產交期不穩定預防	4. 生產效率衰退預防	5. 生產運用率下滑預防

三、研發／技術類

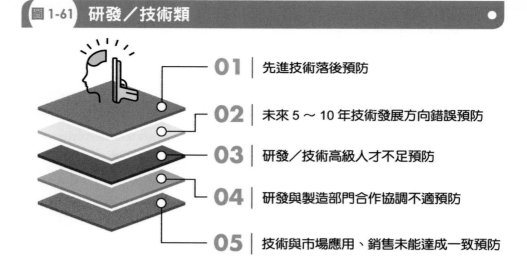

圖 1-61　研發／技術類

01 │ 先進技術落後預防

02 │ 未來 5 ～ 10 年技術發展方向錯誤預防

03 │ 研發／技術高級人才不足預防

04 │ 研發與製造部門合作協調不適預防

05 │ 技術與市場應用、銷售未能達成一致預防

四、商品開發類

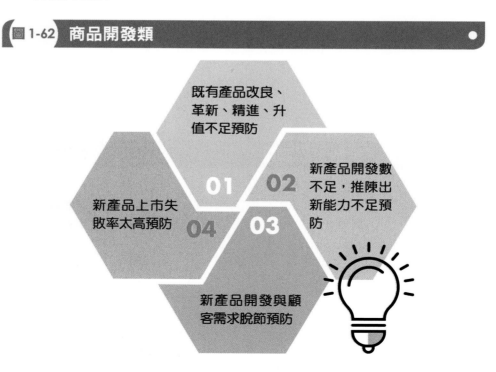

圖 1-62　商品開發類

01 既有產品改良、革新、精進、升值不足預防

02 新產品開發數不足，推陳出新能力不足預防

04 新產品上市失敗率太高預防

03 新產品開發與顧客需求脫節預防

五、財務類

圖 1-63　財務類

01	中長期發展資金不足預防
02	毛利率、獲利率下滑預防
03	轉投資失敗、失當預防
04	負債比太高預防
05	財務結構不良預防

六、人力資源類

圖 1-64　人力資源類

1
公司長期發展
重點人才預備預防

2
公司各級幹部
培訓不足預防

3
公司薪水、獎金、
福利落後對手
太多預防

4
公司離職率
升高預防

5
會員對公司
向心力下滑預防

七、未來經營發展類

圖 1-65　**未來經營發展類**

1 中長期事業發展布局不足預防

4 公司中長期發展戰略方向錯誤之預防

2 公司全球化布局不足預防

5 公司整體組織能力、組織競爭力下滑之預防

3 公司第二條、第三條成長曲線不足預防

6 公司市場領導地位衰退之預防

1-50 外銷高科技業與國內型消費品業在問題發生面向的差異點

Chapter 1

企業經營問題發生、分析、解決與決策管理／提高績效實戰知識全方位總篇章

一、外銷型高科技製造業產生較多的問題面向

圖 1-66

1 研發／技術面的問題

2 國外大客戶變化的問題

3 全球化布局的問題

4 受地緣政治影響的問題

5 受國外市場經濟景氣影響的問題

6 受國外訂單數增減變化的問題

7 受中美兩大國競爭與對抗的影響問題

二、國內消費品業產生較多問題面向

圖 1-67

1 受國內消費市場與經濟景氣變化影響的問題

2 受消費品品牌太多、太辛苦競爭的問題

3 受新產品、新品牌推陳出新的影響的問題

4 受國內少子化不利影響的問題

5 受國內 2,300 萬人口太小規模影響的問題

6 國內長期低薪環境、不婚不生影響的問題

7 消費品公司的員工薪水／獎金普遍比高科技公司低很多的問題

8 國內零售通路變化影響的問題

1-51 結論：真正做好問題預防與問題解決的關鍵十個掌握

總結來看，到底真正能做好問題預防與問題解決的十個簡要結論，如下述：

一、掌握好：優質人才團隊建立及各部門／各工廠優質領導主管建立

人才，是企業經營成功的核心根本，企業的一切都是人才做出來的，「得人才者，就能得天下」。而企業大大小小的問題如何預防及如何分析、解決、下決策，也是要仰賴公司各部門／各工廠，都有優質的一級主管及人才團隊才能快速／有效的完成及解決。因此，必定要掌握好「人才力」。

二、掌握好：技術領先、技術升級、技術附加價值

對高科技公司及傳統製造業公司，技術是一個很重要的關鍵點。若技術落後、技術不行、技術輸對手、技術不能升級、技術沒有高附加價值產生；那麼，企業經營將面臨很多、很大、難解決的各式各樣問題點出來。所以，一定要做好「技術力」這個關鍵要素。

三、掌握好：充足財務資金能力

企業面臨各種擴大經營、成長經營、規模經濟效益經營、全球化經營、轉型經營、領先地位經營等，都在在需要充足的、大量的財務資金支援才行，否則將會出現很多很大的財務問題點出來。這也就是為什麼企業都想去成為上市櫃公司，因為，從公開資本／證券市場中，可以取得較低成本且足夠量的財務資金，然後才能夠不斷壯大、開拓事業規模及事業版圖，成為該行業領導公司。所以，第3點即是要做好掌握「財務資金」能力。

四、掌握好：提前布局未來，要超前部署

企業為事先做好問題預防就必須要有「布局未來」的計劃以及「超前部署」的行動力才行。很多企業大都忙於現在的、今天的、今年的業績、生產、獲利預算等工作，沒有時間去想三年、五年、十年後的事情。因此，企業必須指派另一組人才，去規劃、去做未來3～10年布局的事，要超前部署，才不會有未來問題必會發生的困境。因此，一定要掌握好：「布局未來力」。

五、掌握好：居安思危、危機意識的態度與準備

第5點，企業經營，中高階主管們不能滿足於成功的現狀、不能太自滿／自

大／驕傲／鬆懈；一定要有「居安思危」、「危機意識」的態度及準備才行，否則，新的危機必會降臨。因此，一定要掌握好：「危機意識力」。

六、掌握好：制度化／ SOP 化／獎懲化／考績、考核化建立

企業 100 年長期經營，一定要靠「制度化」來支撐，不能靠領導人一個人來支撐，也不是靠少數高級主管來支撐。靠少數人來支撐，公司必會面臨大問題的。公司要靠的是，好的、不斷改良的、不斷進步的：

1. 制度化。
2. SOP 化。
3. 獎懲化。
4. 考績、考核化。

才能做好問題預防及問題解決的。

七、掌握好：洞燭機先力

第 7 點，企業經營，中高階領導群團隊必須具備有好的、敏銳的、迅捷的、前瞻的「洞燭機先力」。在「洞燭機先力」中，能比別人更早看見：新變化、新商機、新市場、新發展、新趨勢、新價值、客戶新需求、顧客新想要的。能做到這樣，必可以事前做好問題預防及問題解決。

圖 1-68　掌握好「洞燭機先力」的 8 項好處

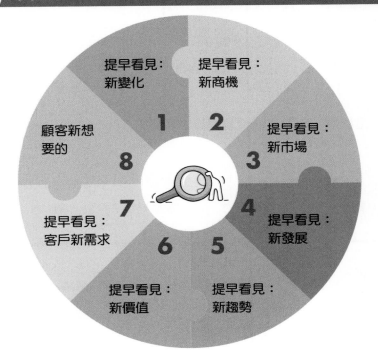

八、掌握好：對環境不利變化的快速應對力及因應變化能力

　　企業經營，有時候是面臨突發的、想像不到的、無法預先預測的，只能做好快速應變措施。例如：2020～2022年全球新冠疫情、2022年俄烏戰爭、中美兩大國的對抗等，都屬此狀況。因此，企業必須掌握好：「快速應變力」及「因應變化能力」。

九、掌握好：高階／中階／基層的卓越領導力建立

　　企業有了優質好人才團隊之後，接著還必須建立好一支卓越的高階／中階／基層的一級、二級主管的卓越領導力才行。有了這種全方位的、貫串上、中、下三階層卓越領導能力建立，企業必可大大減少不利問題的發生，即使偶有問題，也能快速得到有效解決。因此，掌握好「領導力」很重要。

十、掌握好：正確／有效的決策力與決斷力

　　除了上述三大階層的領導力之外，另外，這些主管們面對各式問題時，能否做出正確／有效的「決策指示」及「決斷決心」，也很關鍵。高階主管群的決策、決斷下錯，那就要付出很大代價、很大成本、很大不利的。因此，要掌握好：「決策力」、「決斷力」。

圖1-69　結論：做好問題預防及問題解決的 10 個掌握

1 掌握好：人才力	**2** 掌握好：技術力	**3** 掌握好：資金力	**4** 掌握好：布局未來力
5 掌握好：危機意識力	**6** 掌握好：制度力、SOP 力	**7** 掌握好：洞燭機先力	**8** 掌握好：快速應變力
9 掌握好：高階、中階、基層領導力		**10** 掌握好：決策力、決斷力	

- 必可全方位做好全公司的問題預防與問題解決！
- 必可使公司長遠／永遠經營下去！

Chapter 2

問題是什麼

在實務上，對於問題發現與問題解決，最重要的是要有「問題意識」。要高度保持問題意識，千萬不要在問題惡化後，才想要解決。因此，必須在問題發生之前，即了解到問題可能會發生，所謂「預防重於治療」，即為此意。

問題意識的核心中，最重要的即為「目標意識」。當目標可能沒辦法達成時，即表示問題可能正在形成中，或者已經產生了。因此，對「目標實現」的強烈信念，是問題意識的要件。

事實上，企業的問題，可以區分為「看得見」與「看不見」的問題。看不見的問題，經常是在「冰山」下層，這正是我們特別要注意，並且想辦法使它變為「看得見」的問題，這是企業各部門要主動努力之處：也是目前流行訂定各部門「工作績效指標」(KPI，Key Performance Indicator) 的重要意義所在。

而看得見與看不見的障礙（問題），如下圖示。您的公司或您的部門是屬於哪一種呢？

圖 2-1 是否看到問題的三種狀況

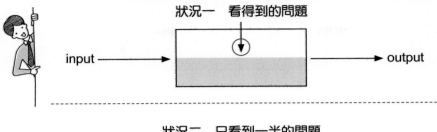

狀況一　看得到的問題

input → output

狀況二　只看到一半的問題

input → output

狀況三　看不到的問題

input → output

圖 2-2 抓住問題意識的三大核心點

抓住問題意識的
三大核心點

1 要有：強大的目標
管理意識！

＋

2 要有：查核 KPI
指標數字！

＋

3 要有：關注目標
能夠實現／達成！

什麼是「問題」？(What is the problem?)

只要是原訂的「目標」與實際達成的「現況」，兩者間若有落差 (Gap) 時，即代表無法達成原先所期待達成的結果。此即代表發生問題了。

如下圖示：

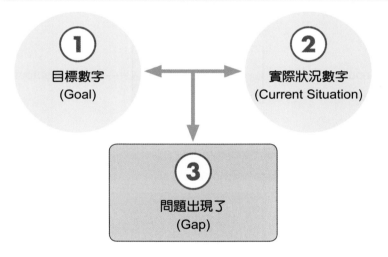

圖 2-3　目標與實際數字發生落差，即代表問題出現了

①
目標數字
(Goal)

②
實際狀況數字
(Current Situation)

③
問題出現了
(Gap)

例一：

◎原訂年營收目標：	100 億
◎實際達成：	80 億
Gap 落差（問題）：	20 億 （短少）（代表達成率僅 80% 而已）

```
                    ┌── 1. 銷售努力不足
                    ├── 2. 新產品太少
                    ├── 3. 競爭者太多、市場競爭太激烈
· 可能原因為何？ ──┤── 4. 價格不夠彈性、無法降價
                    ├── 5. 品質不夠穩定、品質信賴度不足
                    └── 6. 景氣低迷、買氣衰退
```

例二：

◎原訂某節目收視率目標：　　2.0
◎實際達成收視率：　　　　　1.0

Gap 落差（問題）：　　　　　-1.0 （原因為何？）（達成率僅 50%）

例三：

◎原訂某產品市占率目標：　15%
◎實際達成市占率：　　　　10%

Gap 落差（問題）：　　　　-5% （原因為何？）

例四：

◎原訂某產能利用率目標：　80%
◎實際達成率：　　　　　　60%

Gap 落差（問題）：　　　　-20% （原因為何？）

例五：

◎原訂年度稅前淨利目標：　10 億元
◎實際達成數：　　　　　　8 億元

Gap 落差（問題）：　　　　-2 億元 （原因為何？）（達成率 8 成）

例六：

◎原訂百貨公司週年慶業績目標：　100 億元
◎實際達成數：　　　　　　　　　90 億元

Gap 落差（問題）：　　　　　　　-10 億元 （原因為何？）（達成率 9 成）

例七：

◎原訂出貨期目標：1 週（7 天）
◎實際出貨期：　　10 天

Gap 落差（問題）：　　　-3 天 （原因為何？）

例八：

◎原訂新汽車開發及上市日期目標： 200 工作天
◎實際完成開發及上市日： 230 天
Gap 落差（問題）： -30 天 （原因為何？）

例九：

◎原訂今年內展店數目標數： 100 家
◎實際完成展店數： 70 家
Gap 落差（問題）： -30 家 （原因為何？）（達成率 7 成）

例十：

◎原訂今年 EPS（每股盈餘）目標數： 3 元
◎實際達成 EPS 數據： 2.5 元
Gap 落差（問題）： -0.5 元 （原因為何？）

例十一：

◎原訂某生產線生產良率目標數： 99%
◎實際達生產良率： 96%
Gap 落差（問題）： -3 個百分點 （原因為何？）

例十二：

◎原訂平均店效每日營收目標： 5 萬元
◎實際店效日營收達成數： 4.5 萬元
Gap 落差（問題）： -0.5 萬元 （原因為何？）

例十三：

◎原訂海外生產據點目標： 10 個據點
◎實際達成生產據點數： 8 個據點
Gap 落差（問題）： -2 個據點 （原因為何？）

例十四：

◎原訂信用卡發行目標： 300 萬張
◎實際達成卡數： 250 萬張
Gap 落差（問題）： -50 萬張 （原因為何？）

例十五：

◎原訂便利超商鮮食產品線

　　銷售額占全部比率目標：　　15%

◎實際達成占比數：　　　　　　13%

Gap 落差（問題）：　　　　　　-2%　（原因為何？）

例十六：

◎原訂年度股價維持目標：　　60 元

◎實際達成股價：　　　　　　50 元

Gap 落差（問題）：　　　　　-10 元　（原因為何？）

例十七：

◎原訂海外營收占比目標：　　50%

◎實際達成占比數：　　　　　40%

Gap 落差（問題）：　　　　　-10%　（原因為何？）

例十八：

◎原訂製造成本降低目標：　　10%

◎實際達成降低數：　　　　　8%

Gap 落差（問題）：　　　　　-20%　（原因為何？）

例十九：

◎原訂負債比例降至目標：　　50%

◎實際達成比例數：　　　　　60%

Gap 落差（問題）：　　　　　-10%　（原因為何？）

例二十：

◎原訂爭取 100 億以上訂單

　　OEM 大客戶數目標：　　　5 家

◎實際達成數：　　　　　　　4 家

Gap 落差（問題）：　　　　　-1 家　（原因為何？）

2-3 目標的類型與實務

一、定量與定性二種不同屬性的目標

企業欲達成的目標，通常可以區分為兩種類型，如下圖示：

圖 2-4　目標兩種類型

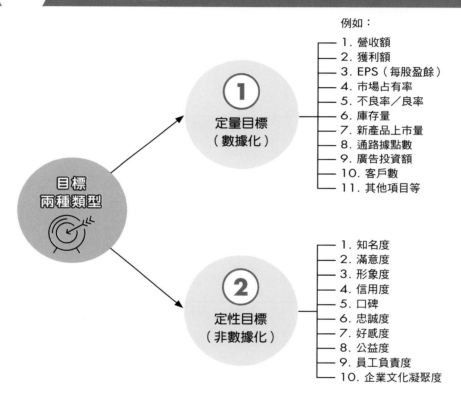

例如：

定量目標（數據化）
1. 營收額
2. 獲利額
3. EPS（每股盈餘）
4. 市場占有率
5. 不良率／良率
6. 庫存量
7. 新產品上市量
8. 通路據點數
9. 廣告投資額
10. 客戶數
11. 其他項目等

定性目標（非數據化）
1. 知名度
2. 滿意度
3. 形象度
4. 信用度
5. 口碑
6. 忠誠度
7. 好感度
8. 公益度
9. 員工負責度
10. 企業文化凝聚度

二、數據目標的三種版本

就實務應用觀點看，企業訂定數據目標時，老闆會有三種數據目標版本，分別是：

1. 挑戰版目標數據（最高水準數據）
2. 持平版目標數據（一般水準數據）
3. 保守版目標數據（低標水準數據）

圖2-5 數據目標的三種版本

數據目標的三種版本
- **1** 挑戰版目標
- **2** 持平版目標
- **3** 保守版目標

上述三種版本的數據目標，常用在營收預算、獲利預算、業績預算、市場占有率預算等。

三、目標是否合理與調整改變

公司訂定的各項目標數據是否合理，以及執行過後，是否需要調降或調升，主要應看幾個因素來決定：

圖2-6 目標是否合理或應調整之因素

1 須看整個市場環境與景氣的變化，亦即市場現況是擴張成長、衰退，或是持平不變。

2 須看競爭對手所投入競爭的力道大小及企圖心。

3 須看公司老闆的領導風格。

4 須看公司的整體資源投入、配置情況及策略方向等。

5 須看公司當時擁有的競爭力程度，如是短期內根本做不到的，就必須改變。

四、目標訂定的三種不同方式

一般來說，訂定目標最常見三種方式：

圖 2-7　三種目標訂定模式

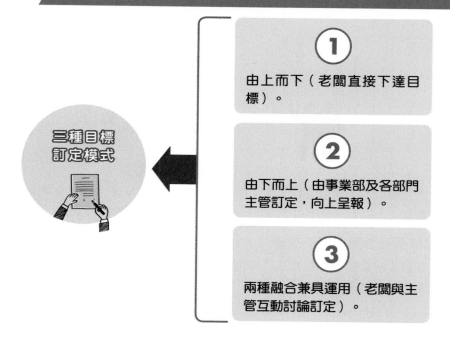

三種目標訂定模式

① 由上而下（老闆直接下達目標）。

② 由下而上（由事業部及各部門主管訂定，向上呈報）。

③ 兩種融合兼具運用（老闆與主管互動討論訂定）。

第一種：由上而下模式。此種公司屬於中小型企業居多，若是老闆作風較為慓悍的大企業，亦會出現。

第二種：由下而上模式。此種公司屬於比較老資格及穩定的大公司模式，一切依循舊習而來。

第三種：大部分的成長型及卓越型公司，採取此種模式。換言之，既尊重各單位所提的營運目標，而也有老闆的裁示及挑戰目標在內。

2-4 問題意識的 5 個要件

要使公司同仁都具備問題意識，需有下列 5 個要件：

圖 2-8 具備問題意識的 5 個要件

總結來説，若欲達成組織訂定的目標，一定要同時具有問題意識與目標意識。

2-5 企業問題有哪些——四大歸類及項目內容

實務上，如以全體構面來看，企業面對的種種問題，可以圖示如下：

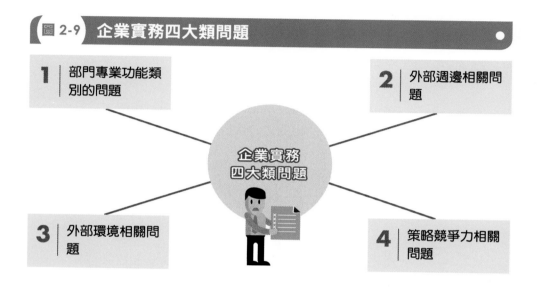

圖 2-9 企業實務四大類問題

1 部門專業功能類別的問題

2 外部週邊相關問題

企業實務四大類問題

3 外部環境相關問題

4 策略競爭力相關問題

一、部門專業功能類別的問題

大致可以歸納如下：

1. R&D（研究開發、技術研發）問題
2. 採購問題
3. 生產（製造）與品管問題
4. 行銷與業務問題
5. 物流配送（全球運籌）問題
6. 財務會計問題
7. 人力資源問題
8. 售後服務問題
9. 資訊 e 化問題
10. 品牌問題

11. 法務（智慧財產權）問題

12. 行政總務問題

13. 稽核管理問題

14. 策略分析問題

15. 組織問題

16. 工程技術問題

17. 倉儲庫存問題

18. 教育訓練問題

19. 企業文化問題

20. 接班人問題

二、外部週邊相關問題

1 競爭對手（國內、國外）衍生的問題。

2. 上游各原物料、零組件、半成品、機械設備、資訊設備、研發設備、品管設備等衍生的問題。

3. 同業與異業策略聯盟衍生的問題。

4. 政府行政主管單位衍生的問題。

5. 下游通路商及最終顧客衍生的問題。

三、外部大環境相關問題

1. 政治環境問題。

2. 社會文化環境問題。

3. 經濟、金融、資本環境問題。

4. 技術、科技環境問題。

5. 價值觀環境問題。

6. 環保環境問題。

7. 國際經貿組織環境問題。

8. 產業政策與法令環境問題。

四、策略競爭力相關問題

1. 成本優勢競爭力。

2. 差異化優勢競爭力。

3. 專注利基優勢競爭力。

一、「供應商」的問題與對策彙整

可能問題構面	可能解決問題對策方向
· 供應價格節節上漲，拉高成本結構 · 供應數量不足或不穩定 · 供應速度不夠快或不能優先供應 · 供應地區不夠廣泛（例如：海外地區不能供應） · 供應品項不夠齊全 · 供應商付款條件很硬 · 供應商品質不穩定 · 供應商少量多樣的彈性能力不足 · 供應商售後服務不佳 · 供應商在尖端技術開發不夠進步 · 供應商訂單及出貨流程效率績效	· 尋求第二、第三採購管道及來源（分散採購、多元採購） · 向上游零組件及原物料產業進行投資及垂直整合策略 · 輔導及協助中小企業供應商提高經營水準 · 訂定長約保障（長期合約） · 調整及改善本公司的產品原始設計 · 一開始，就邀供應商參與 R&D 過程充分了解 · 合作雙方 e 化連線，所有訂單、出貨、結帳、庫存等均由電腦上進行 · 零組件簡單化、單一品種化，勿太複雜 · 與銀行洽談，提供應付帳款 (A/P) 融資作業給供應商 · 提高對供應商的採購總量，以獲優先供貨

二、「大型客戶」的問題與對策彙整

可能問題構面	可能解決問題對策方向
· 客戶訂單承諾可能生變或轉移 · 客戶訂單量可能減少 · 客戶對本公司產品殺價（議價） · 對在海外需求地點，設立發貨庫要求 · 雙方未能 B2B 資訊化連線 · 客戶從下單到要求出貨時間，愈來愈短，考驗生產出貨能力 · 客戶開立的貨款票期愈來愈長 · 客戶的產品設計及改變愈來愈頻繁 · 客戶不能簽長約	· 持續開拓新客戶來源（不同國家、地區、通路、類型之客戶） · 持續開發新產品（每年一定要有新產品） · 客戶向我們殺價，我們轉向上游零組件廠殺價 · 配合大客戶要求，在海外適當地點設立組裝工廠、發貨庫或技術服務公司 · 客戶向我們延長票期，我們也向上游廠商延長票期 · 爭取客戶簽 OEM 供應長約 · 改善及增強本公司生產作業流程 · 改善資訊設備，與客戶 B2B 連線作業

三、「競爭者」的問題與對策彙整

可能問題構面	可能解決問題對策方向
· 殺價、低價搶客戶 · 開發新產品搶客戶 · 以優惠付款方式搶客戶 · 以加強服務方式搶客戶 · 以促銷贈送方式搶客戶 · 以併購方式搶客戶 · 對通路商提高銷售佣金獎勵 · 對本公司銷售業務人才挖角 · 對通路客戶提供融資協助 · 快速供貨搶客戶	· 評估是否應跟隨降價 · 定期開發新產品供應客戶 · 考慮以併購方式與競爭對手相抗衡 · 提供對客戶更優惠的配合條件及服務，包括： (1) 融資服務 (2) 銷售佣金 (3) 技術服務 (4) 付款條件 (5) 快速供貨 (6) 廣告與促銷活動配合 (7) 教育訓練 (8) 資訊化配合

2-7 企業內部與外部的問題

　　企業每天都要面對問題，並解決問題，解決問題得當，企業的總體競爭力與營運績效，就再向前邁出一步。如果問題不能及早發現、問題累積愈來愈多，或是無法有效解決問題，那麼企業經營必然遲早會衰敗的。

　　企業面對的問題，可以區分為兩大類：

第一類：外部環境變化引起的問題，我們稱為「外部問題」。

　　包括：國內外政經情勢變化、產業法令變化、經貿變化、產業結構變化、地緣政治變化、中美兩大國關係變化、市場競爭變化、供應商變化、顧客變化、社會文化變化、全球化與地區化變化、全球疫情變化、人口趨勢變化、科技變化……等，都會為企業界帶來「問題」。這些問題可能是「有利的」，也很可能是「不利的」，有些更會影響深遠。企業都不能小看它們。

第二類：內部環境變化引發的問題，我們稱為「內部問題」。

　　內部問題，依作者工作經驗，大概可以細分為幾類，包括：

（一）人（員工）的品德與操守出了問題。

（二）人（員工）的能力與素質出了問題。

（三）制度與規章辦法出了問題。

（四）企業文化出了問題

（五）公司整體競爭力與快速應變能力出了問題

（六）老闆自身出了問題

（七）高階主管的決策出了問題

（八）公司的技術與研發、能力落後出問題

　　以上八大內部的問題，再加上外部問題，使企業每天都必須先解決這些問題，才能順利運作，也才會有卓越的績效。

2-8 問題的三種時間序列類型分析

若以時間序列來看問題，大致上可以區分為三類型：

第一：已經發生型問題（過去式的）

這是問題已經發生了，例如 2001 年，恐怖分子挾持飛機撞擊世貿大樓，死傷 3,000 多人，此問題已然發生，美國政府要做的是，如何展開好的危機處理？

在已發生大型問題中，我們可以較清晰地看到問題是什麼？問題在哪裡？以及問題的嚴重性程度為何？

而我們的目標是尋求：

1. 降低損失；
2. 避免擴大；
3. 回覆正常狀況之處理措施。

第二：現在正可能發生的問題（屬於現在進行式的探索型問題）

此即是懷疑有問題，感到有問題，因此要計劃展開探索與強化改善之道，以避免未來的機會損失。

第三：未來設定預測的問題（事前預測）

這是屬於創造問題、前瞻問題、預測問題、理想問題，以及主動開發及超前部署的問題。茲圖示如下：

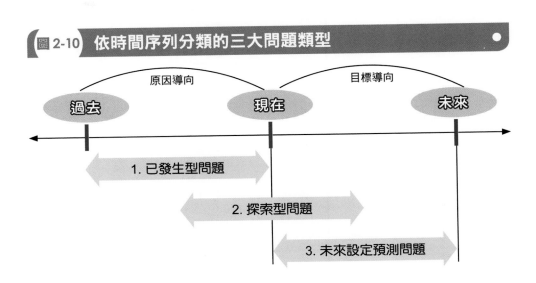

圖 2-10 依時間序列分類的三大問題類型

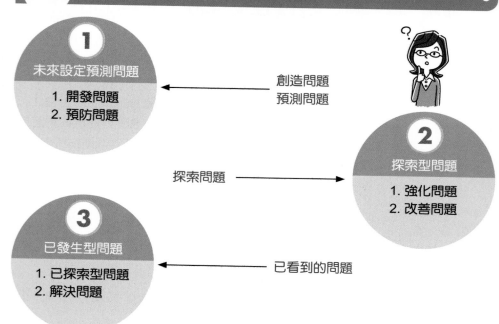

圖 2-11 三類問題的差別性

1 未來設定預測問題
1. 開發問題
2. 預防問題

創造問題
預測問題

2 探索型問題
1. 強化問題
2. 改善問題

探索問題

3 已發生型問題
1. 已探索型問題
2. 解決問題

已看到的問題

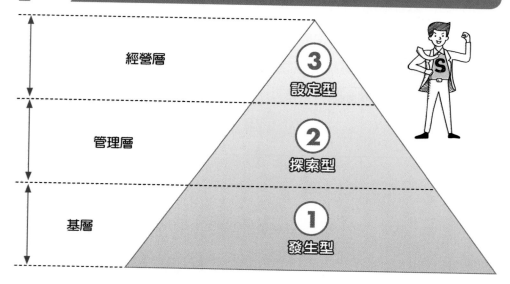

圖 2-12 三類問題的不同負責層次管理人員

經營層 — **3** 設定型

管理層 — **2** 探索型

基層 — **1** 發生型

2-9 加強對環境情報的掌握

一、訊息情報的種類與重要性

企業所需要的訊息情報，大致有 10 種：

圖2-13 訊息情報種類

訊息情報種類

1 | 競爭對手情報

2 | 上游零組件、原物料供應商情報

3 | 下游重要通路商情報

4 | 下游重要客戶情報

5 | 技術發展情報

6 | 市場與產業發展情報

7 | 政府法令與產業政策情報

8 | 財經與經貿情報

9 | 社會與消費者價值觀政策情報

10 | 全球政治關係變化情報

訊息情報對企業經營非常重要，因為，他會影響企業經營的成果。例如：一個技術研發落後，一個重要的 OEM 客戶跑掉，一個通路商的轉向，或是一個法

令的改善等，都會對企業的競爭力、營運績效、財務績效、市占率等產生莫大的改變，不得不注意。

　　此外，在價值觀變化情報方面，包括：生活觀、職業觀、勞動觀、消費觀、婚姻觀、家庭觀、親子觀、小孩數多寡、教育觀、學歷觀、性別觀、年齡觀等均屬之。這些變化對企業的產品開發及行銷 4P 策略，都帶來重大影響。企業應掌握這些趨勢的變化，才能掌握機先，成為行銷贏家。

　　上述圖示的十種訊息情報，都是企業界經常要搜集的。並且依據變化，及時研訂因應對策及執行計劃，充分運用訊息情報，以避免傷害或善用商機。

二、誰來搜集訊息情報

　　實務上來看，搜集訊息情報的主要單位，大致可以歸納為四個來源：

第一：各個權責部門。即各部門負責搜集自己相關的訊息情報。例如研發情報、銷售情報、財務情報、採購情報、生產情報、物流情報、工程技術情報、商品情報、價格情報、行銷情報⋯⋯等。

第二：高階企劃部門。即經營企劃、投資企劃、市場企劃、策略規劃等單位，負責搜集整體性、長期性、區域性、策略性與競爭性的訊息情報，與各權責部門有所區隔分工。

第三：老闆（總裁、董事長、總經理）。老闆有機會接觸到高層、更多元層次，與更有實權的有力人士。因此，更容易掌握第一手的訊息情報。這在國內企業界經常可見。畢竟老闆關心公司的未來，而且經驗老到、格局大、人脈關係良好等助益下，自然為獨家情報來源。

第四：董事會的董事成員。包括執行董事及外部獨立董事們，他們也有自己的專長、人脈關係、情報管道等。

圖 2-14　公司內部誰負責搜集訊息情報

公司內部誰負責
搜集訊息情報

1 | 各個部門（權責部門）

2 | 高階幕僚單位（例企劃部門、專案部門等）

3 | 老闆自己（總裁、董事長、總經理）

4 | 董事會的董事成員

三、得到訊息情報的管道來源

那麼究竟訊息情報，是來自哪些管道來源呢？也就是上述那些負責搜集訊息情報單位及人員的情報管道來源為何？主要有來自以下幾種：

圖2-15 公司內部誰負責搜集訊息情報

企業訊息情報的管道來源

1	國內外專業報紙	2	國內外銀行
3	國內外證券公司（自營部、承銷部、經紀部）	4	國內外投資銀行
5	國內外投信及投顧公司	6	政府主管部門
7	競爭對手公司的人員	8	上市櫃公司網站
9	國內外專業雜誌	10	國內外大型展覽會
11	上游供應商	12	下游通路商
13	大客戶	14	老闆（負責人）的來往友人
15	委託民調及市調	16	學術單位委託專題報告
17	付費專業網站		

四、訊息情報──區分為直接情報與間接情報

有人也把訊息情報，區分為直接情報及間接情報兩種。

・直接情報：直接、親身看到、摸到、聽到與感受到的資訊情報。

・間接情報：非親自拿到的資訊情報，可能是來自外部的書報雜誌或政府機構發布的數據資料等。

五、解讀訊息情報的 6 原則

企業搜集到的各種情報來源，重要在於有沒有正確的分析與解讀能力，因此下列六項原則應予重視。

圖 2-16　訊息情報解讀 6 大原則

訊息情報解讀 6 大原則

1　要看到問題與變化的本質，而非枝微末節

2　要全方位看問題與變化，而非片面或單方面的資訊

3　力求見樹又見林

4　勿短視與近利，應有中長期願景

5　訊息情報應力求內容與來源的正確性

6　應會同相關單位，共同討論解讀，交換意見及集思廣益

Chapter 3

讓問題看得到——
如何發現問題

3-1 從問題發現開始的「管理循環」

　　過去，傳統的管理循環 (Management Cycle)，簡稱為 PDCA 制，即規劃－執行－查核－行動再調整。然而傳統管理循環存在一項缺失，它較忽略 Know-Why（為何如此做），而只重視 Know-How（如何做）。

圖 3-1

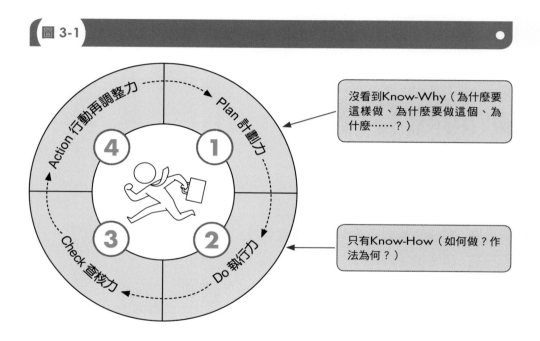

沒看到Know-Why（為什麼要這樣做、為什麼要做這個、為什麼……？）

只有Know-How（如何做？作法為何？）

　　因此，應將上述的管理循環，調整為從「問題發現」開始的管理循環，如下圖所示：

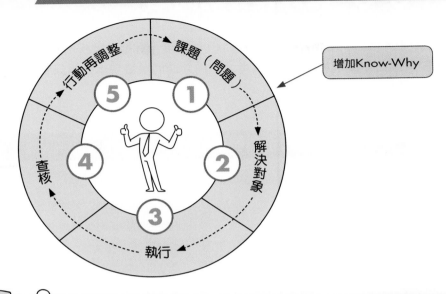

圖 3-2

增加Know-Why

課題（問題）

解決對象

執行

查核

行動再調整

① ② ③ ④ ⑤

3-2 問題發現的兩類型及其負責單位

我們可從戰略與戰術層次，來看問題負責的兩類單位組織，如下圖示：

圖 3-3　問題發現的兩類單位組織

問題發現的兩類單位組織

1 前瞻性、戰略性、大方向性的問題，主要發現者

(1) 老闆們（董事長、董事、總經理）
(2) 高階幕僚群（董事長室、總經理室、經營企劃部、策略規劃部、總管理處、稽核等）
(3) 各事業總部的總經理或副總經理

2 負責發現事務性、日常管理性、戰術性、短期性問題的單位

(1) 各事業總部、各事業部、各業務、各廠部門之主管
(2) 各相關幕僚部門之主管

3-3 誰負責發現問題

　　一般中大型企業組織架構與人員編制，比較健全完整。實務來說，企業內部大概會有下列幾個單位及人員，負責公司內外部問題發現、分析與建議等三部曲，這些單位如下表所示：

表3-1　負責發現問題的企業各單位

單位名稱	處理內部或外部問題	處理項目
一、稽核室	・內部	・處理內稽內控八大循環事宜
二、經營分析處	・內部	・處理公司各部門營運數據分析事宜
三、經營企劃處	・內部及外部	・處理公司經營策略、產業分析及競爭分析評估與對策事宜
四、財務部	・內部及外部	・處理公司有關財務資金問題分析評估與對策事宜
五、管理部（人力資源部）	・內部	・處理有關人員的問題事宜
六、專案組	・內部及外部	・處理公司不特定的專案問題
七、老闆	・內部及外部	・處理公司對內及對外重大事項問題

3-4 問題如何呈現

那麼問題是如何呈現出來呢?實務上,可透過 4 種方式呈現:

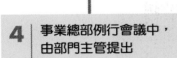

圖 3-4　問題呈現的四種方式

1 老闆(董事長、總經理)下手諭或打電話指示

2 各部門將問題及分析報告,以簽呈(公文)方式告知老闆及相關人員

4 事業總部例行會議中,由部門主管提出

3 老闆指示舉辦專案會議,由相關部門及人員提出完整報告

3-5　從 Know How 到 Know Why ——提升問題發現力

企業全體員工如果能夠提升「問題發現力」,問題明確化,則解決對策的精密度,就能大幅提升。否則,問題設定有錯,則會把企業愈弄愈差。因此,除了培養 Know How 能力外,更須培養 Know Why 的能力。

圖 3-5

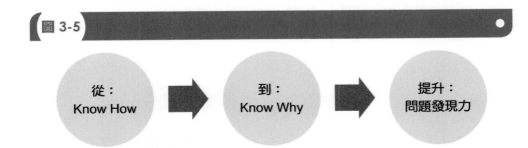

從:
Know How

到:
Know Why

提升:
問題發現力

3-6 發現問題的四大原則

對發現問題而言，我們可用四個 P 來分別區隔清楚，包括：目的 (Purpose)、立場 (Position)、時間 (Period)、空間 (Perspective) 等四種角度來看問題的發現。

圖 3-6

1 目的軸 Purpose	**2** 空間軸 Perspective
3 立場軸 Position	**4** 時間軸 Period

一、目的軸：從目的來看問題

企業、組織與各部門的目的是什麼？任何人、事、物、地、情報、組織、目標等的各種活動，都要有目的才行，否則就會沒有意義。

因此第一個 P 就是從集團的目的、公司的目的、部門的目的、單位的目的等，來發現及分析問題。因為目的與問題是一體的兩面。另外，從不同的目的來看待問題，也會發現問題的不同性；解決問題的手法，跟著不同思考點也不一樣。

圖 3-7 從目的看問題

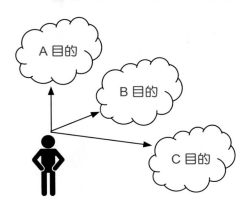

二、立場軸：從立場看問題

　　站在不同的立場、位置、單位、職級、身分、內外部等看事情與問題，自然會不一樣，因為有不同的利害與利益關係。不過，公司也需要有一個負責單位，是從整個公司或集團的角度及立場，來看待問題，以取得公司或集團的最大利益，而非只是從單一自己部門的利益觀點去看問題。

圖 3-8 你站在哪種立場看問題

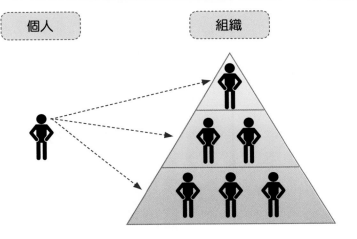

個人　　　　　　　　　　組織

三、時間軸：從時間點看問題

站在不同的時間點看問題，也會有不一樣的觀點。

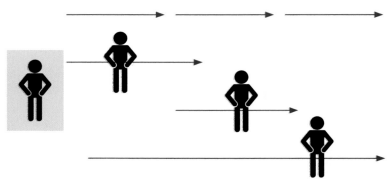

圖 3-9 你站在什麼時間點看問題

< 過去 >、< 現在 >、< 最近將來 >、< 較遠的將來 >

四、空間軸：從視野看問題

從不同高度、遠度、長程及全面格局，眺望人、事、物的具體問題，得到的結果與觀點也會有所不同。

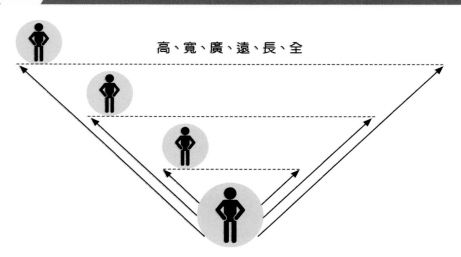

圖 3-10 你看到多大、多遠、多廣、多久的視野

高、寬、廣、遠、長、全

五、4P 是相互作用，不是獨立個體

　　事實上，上述的 4P 是相互作用，相互關聯與溝通的，唯有「貫通」這四個 P 的內涵與作用，才能看到「全體」面向，才算是「見樹又見林」。因此，我們可以總結說：4P 是有機的，是統合的，是全體觀的。

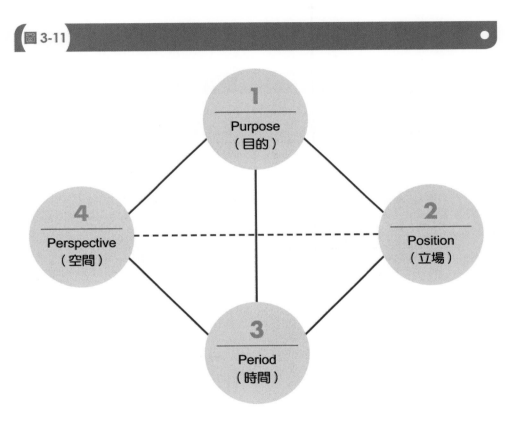

圖 3-11

1 Purpose（目的）

2 Position（立場）

3 Period（時間）

4 Perspective（空間）

　　因此，我們若依上述 4P 想要發現問題，則必須掌握四大原則，即：

1. 我們應從什麼目的看問題？
2. 我們應從什麼立場看問題？
3. 我們應從什麼時間點與階段別看問題？
4. 我們應從什麼視野看問題？

通常來說，問題的發現大致可以歸納為兩大類型：一類是戰略問題，一類則是戰術問題。下圖標示其負責人員：

圖 3-12 問題發現兩大類型

問題發現兩大類型

1 戰略問題

負責人員：老闆、經營者、高階主管、管理團隊、總部高階幕僚人員等

2 戰術問題

負責人員：各事業總部主管、各廠主管、各功能幕僚部門主管人員等

3-8 戰略問題發現的 4 種技能 (Skill)

對於戰略較高層次問題的發現，公司老闆及高階主管與高階幕僚人員，應具備以下的 4 種技能：

1. 觀察力：對現狀能客觀正確的認識及掌握。
2. 判斷力：對問題的解決，能夠正確的選擇、判斷及做下決定。
3. 分解力：對具體的事件，能夠依理論加以分解及分析。
4. 統合力：對具體的組織及事件，能加以結構化、組織化及整合化。

圖 3-13

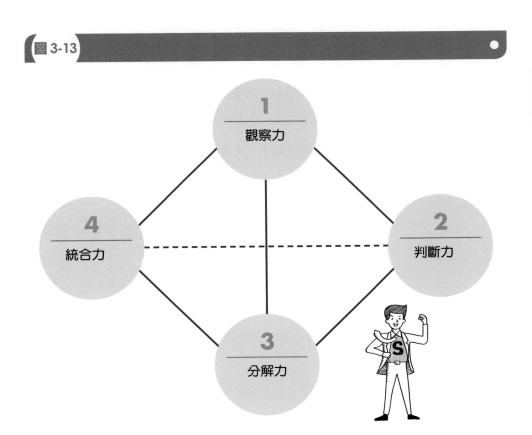

121

3-9 不能發現問題的 4 個理由

企業內部經常會有意或無意的忽略問題，使得問題未能被人發現。歸納來說，企業不能發現問題的 4 個理由，圖示如下：

圖 3-14 企業不能發現問題的 4 個理由

企業不能發現問題的 4 個理由

1 企業的短中長程發展願景及目標，模糊不清或經常改變。

2 對於「現狀」的認識分析及透視力很低，且不能正確把握。這包括意願不足、技能不足、資訊不足。

3 不能正確理解 Gap（落差）的結構、不能透視問題本質及優先順序。

4 解決對策失焦或偏差：或是無力、無效的對策，以致不能解決問題。

3-10 不知道有問題的 5 種狀況

企業實務上,很多時候是狀況發生了,才知道出問題,而未能事前防範或預先發現,主要是下列 5 種狀況所致:

圖3-15 不知道有問題的 5 種狀況

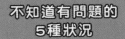
不知道有問題的
5種狀況

① 未訂定目標管理數據,缺乏比較指標。

② 訊息情報不足,未能掌握機會。

③ 有訊息情報,但無解讀、分析能力或是缺乏內部防範機制與制度化作業。

④ 相關權責單位的經驗不足及能力不足。

⑤ 員工或主管意圖掩飾問題。

3-11 資訊產生遺漏的原因及處理 資訊遺漏的 5 大原則

對問題下結論前,應先找出是否被遺漏的資訊:

在企業實務上,當各級主管針對問題進行分析及思索解決方案時,有一件事很重要。那就是:應注意到是不是有一些被遺漏的資訊沒有被納入評估,使得最終的決策產生偏失或誤導。

一、企業為何會產生以偏概全的資訊,原因為何?

一般來說,企業各單位在提報問題的分析、專案的評估,以及因應對策方案的研擬時,大致有 6 項原因,產生以偏概全的資訊,如下圖所示:

圖 3-16 資訊被遺漏的 6 大原因

資訊被遺漏的 6 大原因

1 | 個人因素刻意隱瞞而造成的

2 | 個人知識與能力不足而造成的

3 | 個人經驗不足而造成的

4 | 時間太趕所造成的

5 | 過於本位主義所造成的

6 | 因蒐集不到外部真正訊息指標

二、各級主管對被遺漏的資訊處理之 5 大原則

面對部屬提出分析案或解決案時,如何注意到被遺漏資訊的幾項處理原則,包括如下幾點:

圖 3-17　處理被遺漏資訊的 5 大原則

原則
1
主管應盡量從負面觀點為出發去思考問題及詢問部屬，而不要過於樂觀或正面地看待問題。

原則
2
主管應對各種情況要不斷地追問為什麼？為何不如此？為何要如此？有沒有其它做法？為何是此人？為何是此因素？為何採如此做法？

原則
3
主管應具有批判性的思考，批判不是作梗或反對，而是讓分析觀點更為周全完整，以及讓解決對策更為可行且更具效率與效能。

原則
4
允許部屬或權責部門或跨部門之工作小組，有更充裕的時間去蒐集更完整與更精確的資訊，不必急於一時。

原則
5
必要時應要花錢去買必要的訊息，情報及技術與 Know-how，不要節省。

Chapter **3**

讓問題看得到——如何發現問題

如何避免官僚組織體系及相關人員掩飾問題點，非常重要。就作者的多年工作經驗，以及來自作者朋友的實例，可採取下列兩個方向與做法：

方法一：從組織設計機制上著手

圖3-18 以組織機制避免掩飾問題

以組織機制
避免掩飾問題

1

成立總管理處、總經理室或董事長室的高階幕僚單位，包括諸如「經營分析」、「營運管理」、「經營企劃」等工作單位，直屬總經理與董事長。

2

成立 SBU（事業總部），以及責任利潤中心制度。有權力，但也要負營運成敗責任。做的好，給予獎金及紅利激勵；做不好，就換掉主管及相關人員。這是一種成果主義導向的新制度與好制度。（註：SBU, Strategic, Business, Unit）（SBU 也可簡稱 BU，利潤中心制　）

3

加強公司 e 化、資訊化的全方位作業，期使高階人員能隨時取得每天最新的營運資訊進行分析，提早看出問題。

方法二：從會議報告機制上著手

圖 3-19 以會議報告機制避免掩飾問題

以會議報告機制，避免掩飾問題

1

要求各事業部門及各功能幕僚部門提報告：
* 競爭者狀況
* 市場狀況
* 預算目標達成狀況
* 各項指標的比較分析

2

要求總管理處或總經理室的高階幕僚部門，每月／每季提報內部及外部之變化與競爭情況分析。

3

每月定期召開會報，檢討營業及獲利，如未達成目標，其原因何在？對策改善又如何？哪些部門應該負責？

Chapter **4**

如何分析問題

4-1 分析問題本質，應掌握住三個觀點——廣度、深度與重度

對問題本質的分析，是否能夠周全完整、有見地，而能真正解析到核心原因，有助於研訂解決對策與方案，是必須認真用心對待的。

對於任何問題的本質分析，必須掌握住三個觀點，亦即：

第一，要有「廣度」分析：應找出造成問題的各種可能原因及背景，勿有遺漏。

第二，要有「深度」分析：應找出問題的結構因素、因子，並把他們具體化及數據化。

第三，要有「重度」分析：應知道哪個方向、結構、問題，是必須放在最優先順序處理的，此即優先順序 (Priority)。

圖 4-1　問題分析必須掌握的三個觀點

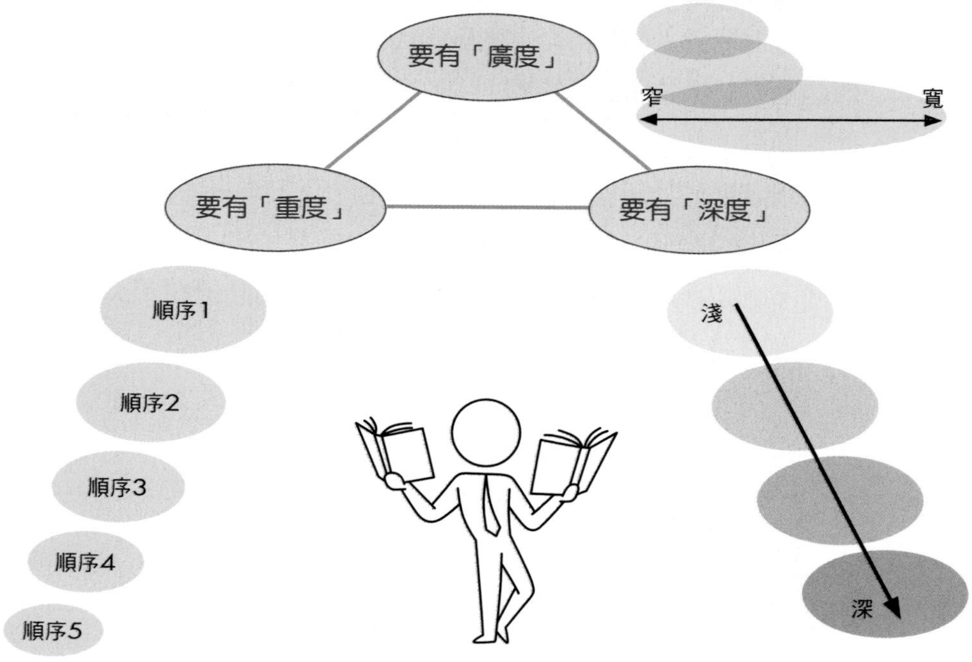

要有「廣度」

窄　　　　　寬

要有「重度」　　要有「深度」

順序1

順序2

順序3

順序4

順序5

淺

深

4-2 如何提升自己或部屬的「問題分析力」

「問題分析力」之培養沒有捷徑，它是一種日積月累的「累積性」能力，沒有速成班，不是一天、二天就能學到。當然，這也不代表一定要五、六十歲的中老年高級主管或老闆，才會有 100 分的問題分析力。但是，如果工作經驗未達五年，或是未曾在中大型企業歷練過，其問題分析力可能不會很好。

同樣是一個四十多歲的副總經理，每一個部門的副總經理，都會有不同好壞程度的問題分析力，雖屬同一年齡層，卻有不同能力，這就說明個人的努力程度有所差別。要培養自己或部屬的「問題分析力」應掌握的一個要點如下：

圖 4-2　提升問題分析力 11 項要點

1 | 是否了解集團及公司過去歷史、發展現況及未來方向。

2 | 是否擁有本業的專業知識。

3 | 是否增加第二專長的知識與常識。

4 | 是否擁有邏輯推理概念。

5 | 是否會問問題，能問出正確與重要的問題。

6 | 是否真的看問題，能夠從大看到小，從廣看到窄，從高看到低，從深看到淺。

7 | 是否具備判斷合理與不合理的常識。

8 | 是否能隨時回想過去的經驗與案例。

9 | 是否經常閱讀專業的書報雜誌。

10 | 是否經常透過團隊小組集思廣益。

11 | 是否能善用 6W (What, Why, Where. When, Who, Whom)、2H (How to do, How much)、1E (Evaluate) 檢視問題。

4-3 如何看透問題的本質——問題分析構面

如何才能正確看到問題的本質呢？依其完整性與週延性來看，可從十七項構面來分析。

本質一 ➡️ 戰略問題 **或** 戰術問題

本質二 ➡️ 短期問題 **或** 長期問題

本質三 ➡️ 須急迫解決的問題 **或** 可以慢一些，不必急於解決的問題

本質四 ➡️ 階段性問題 **或** 持續性問題

本質五 ➡️ 關鍵、重大問題 **或** 非關鍵、非重大問題

本質六 ➡️ 人的問題 **或** 非人的問題

本質七 ➡️ 採取嚴格，沒有妥協處理之問題 **或** 採取緩和、放鬆，可以妥協之問題

本質八 ➡️ 本身自己可以完全解決的問題 **或** 非自己可以完全解決的問題

本質九 ➡️ 極複雜的問題 **或** 較為簡單的問題

本質十 ➡️ 正在形成中或演變中的問題 **或** 已經成型的問題

本質十一 ➡️ 尚可挽回的問題 **或** 難以挽回的問題

本質十二 ➡️ 影響局部的問題 **或** 影響全面的問題

| 本質十三 | ➡ | 微觀問題 (Micro) **或** 巨觀問題 (Macro) |

| 本質十四 | ➡ | 具有競爭優勢問題 **或** 不具競爭優勢問題 |

| 本質十五 | ➡ | 必須投入很多人力、物力及財力問題 **或** 不必投入很多資源的問題 |

| 本質十六 | ➡ | 制度上出問題 **或** 非關制度問題 |

| 本質十七 | ➡ | 影響公司最終獲利問題 **或** 非影響公司最終獲利問題 |

問題的基本結構主要取決於兩個因素，包括：第一，公司（或部門、或個人）的目標是什麼？第二，公司（或部門、或個人）的限制條件又是什麼？

　　上述的限制條件，主要是指公司的經營資源條件的限制，如下圖所示的項目：

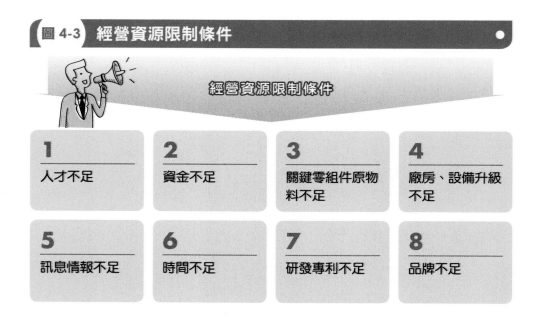

圖 4-3　經營資源限制條件

經營資源限制條件

1 人才不足	2 資金不足	3 關鍵零組件原物料不足	4 廠房、設備升級不足
5 訊息情報不足	6 時間不足	7 研發專利不足	8 品牌不足

　　因此，如要達成原訂的高挑戰目標，可能要突破或有效解決這些經營資源的限制或不足，才具有競爭力與對手對抗，也才有贏的機會。所謂「巧婦難為無米之炊」，即為此意。

4-5 面對問題──從混沌狀態到清楚狀態

企業面對的有些問題，不見得百分之百都能看的清楚，分析的很透徹，或預測的很有把握。特別是有關在：

1. 新產業
2. 新技術
3. 新市場
4. 新顧客
5. 新商業模式
6. 新點子
7. 新產品等七個方面

經常會面對內外部環境的變化，而不易明確了解。

換言之，就是問題、狀況與答案，均處在混沌與不確定的狀況。此時最令企業頭痛。因為前面茫茫一片，不知道最終出路究竟在哪裡？風險有多大？但似乎不做又不行，真是兩難。茲圖示如下：

一、混沌不明狀態（不知如何是好）

圖 4-4　混沌不明狀態（不知如何是好）

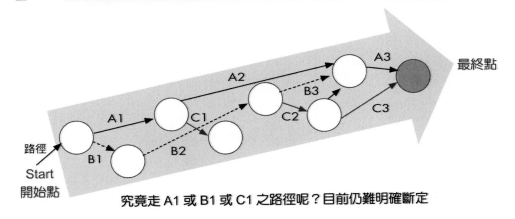

究竟走 A1 或 B1 或 C1 之路徑呢？目前仍難明確斷定

二、漸漸清楚（有脈絡可尋）

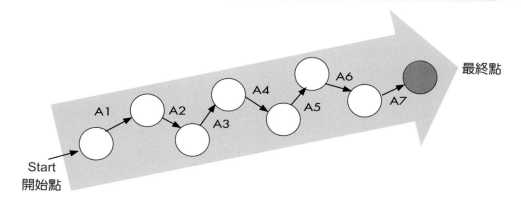

圖 4-5　漸漸清楚（有脈絡可尋）

三、完全清楚（可以掌握）

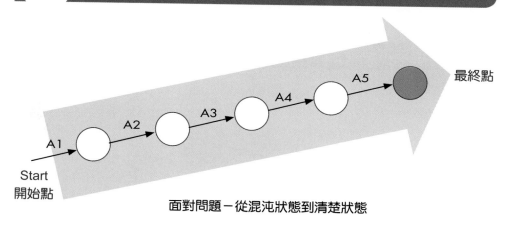

圖 4-6　完全清楚（可以掌握）

面對問題－從混沌狀態到清楚狀態

4-6 分析現狀問題的兩個障礙

　　事實上，企業並非人人能夠對「現狀問題」在事前防範良好、在事中分析良好，甚或在事後控管良好。產生這種狀況，主要歸究於兩個障礙所致。

　　第一個是對現狀問題「意識不足」，是意願的問題，這又可細分為四種原因：

　　1. 員工及主管平時缺乏「問題意識」，上級不重視，下級鬆散是必然的。

　　2. 平常雖有問題意識，但卻無賞罰機制，員工也就多一事不如少一事。

　　3. 公司獲利甚佳或是居於產業龍頭，而有所鬆懈、疏忽。

　　4. 員工想要掩蓋、迴避問題，互相推托。

　　第二個是員工對現狀問題分析「技能 (skill) 不足」，即使有心，也無能力處理。

圖 4-7　對現狀問題分析的二個障礙

對現狀問題分析
的二個障礙
=
能力不足
(Skill)
+
意願不足
(Will)

4-7 如何抓出問題點——成立專案小組是最常見的模式

解決問題之前，最重要的是抓出「問題點」所在。公司內部經常成立各種專案小組，集思廣益尋求解決方案，並形成共識。專案小組是由各相關部門主管或成員共同組成。主要有下圖的四種狀況：

圖 4-8 專案小組尋求問題發現及解決

共同開會，找出問題點及對策

- 屬於生產問題 → 由生產部、工程技術、研發、品管及採購等五個部門共同開會
- 屬於銷售問題 → 由業務、行銷、物流、配送、客戶服務及財會等六個部門共同開會
- 屬於研發問題 → 由研發、工程技術、國外技術夥伴、國外顧客、委外單位等共同開會
- 屬於市場消費問題 → 由委外民調、市調公司及行銷企劃部，進行專案調查

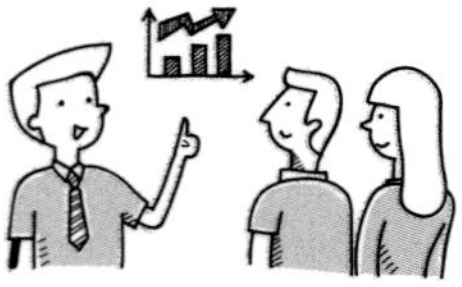

4-8 問題不一定都能得到最好的解決──因為，問題出在「人」的身上

　　問題探索到最後，也不一定都能有很好的解決成果，因為，問題是出在「人」的身上，不是「對策」不好或無效，而是執行與決策的人出問題，問題在「人」身上。

　　下面是經常出現「人」的問題，唯有先解決「人」的問題，才能解決問題。

圖 4-9　問題出在人的身上

人的問題有 5 種狀況

1｜老闆用人的政策與習慣出問題（問題在老闆）

2｜找不到專業人才，負責某一部門的主管

3｜高階部門主管用人政策及習慣有問題

4｜專業人才本來就比較稀少，必須慢慢培養

5｜企業文化出問題，留不住人才

Chapter 5

如何組織問題及解決問題

對問題的全貌應要明確化，要以 System Approach（系統化步驟）看到多個因素及其互動關聯所形成的問題。一般來說，對組織一個問題，有兩種不同思路看法，如下圖所示：

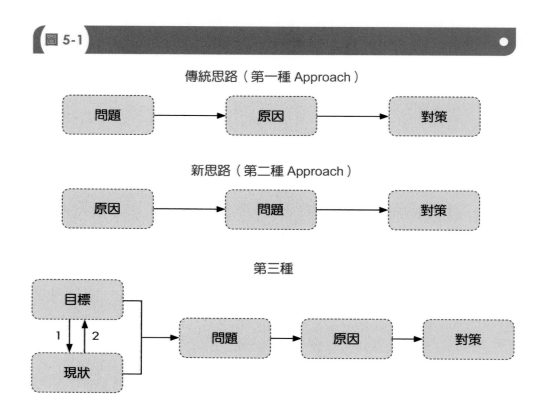

圖 5-1

傳統思路（第一種 Approach）

問題 → 原因 → 對策

新思路（第二種 Approach）

原因 → 問題 → 對策

第三種

目標 ⇄ 現狀 → 問題 → 原因 → 對策

5-2 環境變化產生的問題

環境變化對組織所產生問題的邏輯順序,如下圖示:

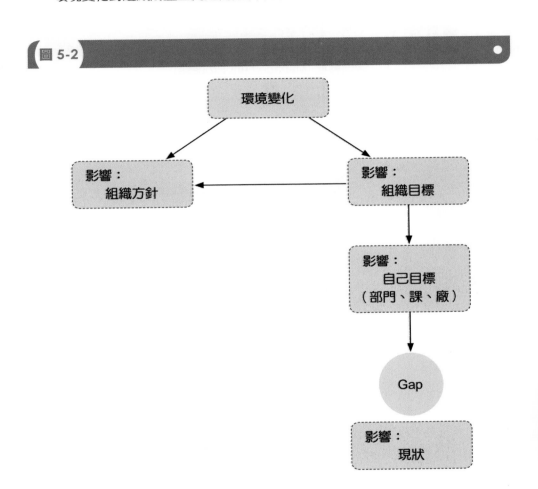

圖 5-2

環境變化

影響:
組織方針

影響:
組織目標

影響:
自己目標
(部門、課、廠)

Gap

影響:
現狀

總結來說,環境變化使現狀發生變化,致使問題產生。

5-3 目標達成的限制條件

這裡我們用圖顯示目標達成的限制條件流程。說明如下：

圖 5-3　問題處在混沌中的限制

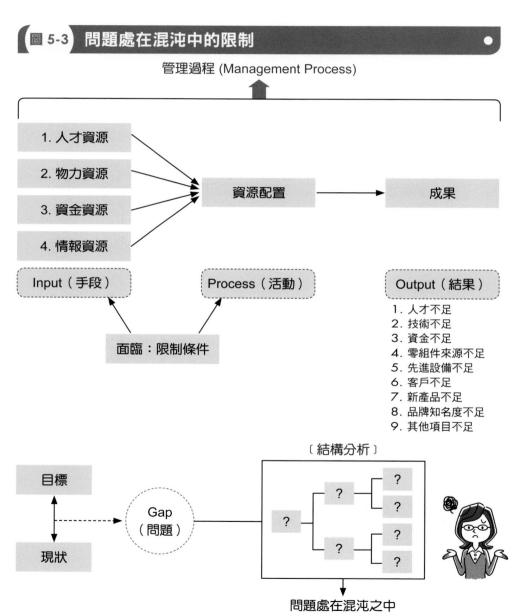

管理過程 (Management Process)

- 1. 人才資源
- 2. 物力資源
- 3. 資金資源
- 4. 情報資源

資源配置　→　成果

Input（手段）　　Process（活動）　　Output（結果）

面臨：限制條件

Output（結果）
1. 人才不足
2. 技術不足
3. 資金不足
4. 零組件來源不足
5. 先進設備不足
6. 客戶不足
7. 新產品不足
8. 品牌知名度不足
9. 其他項目不足

〔結構分析〕

目標

現狀

Gap（問題）

?　?　?

問題處在混沌之中

5-4 有關問題解決的四個領域

有關問題解決，亦可以從四個領域加以了解及學習，如下圖示：

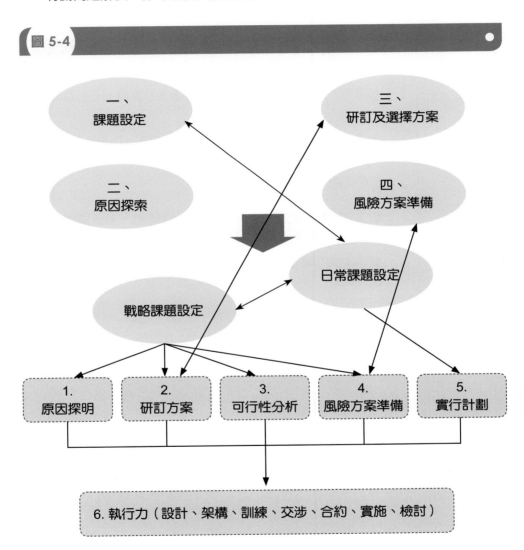

圖 5-4

5-5 課題設定的 6 個重點

在解決問題的課題設定上,要考量 6 個面向的重點思考,如下圖示:

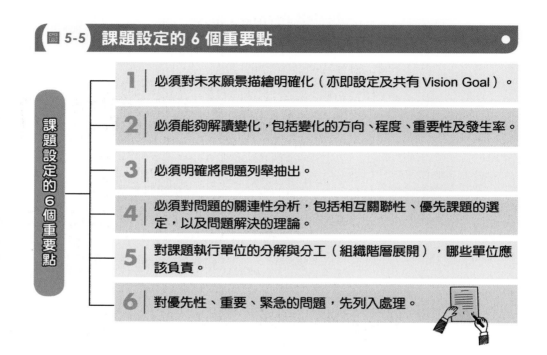

圖 5-5 課題設定的 6 個重要點

課題設定的 6 個重要點

1 必須對未來願景描繪明確化(亦即設定及共有 Vision Goal)。

2 必須能夠解讀變化,包括變化的方向、程度、重要性及發生率。

3 必須明確將問題列舉抽出。

4 必須對問題的關連性分析,包括相互關聯性、優先課題的選定,以及問題解決的理論。

5 對課題執行單位的分解與分工(組織階層展開),哪些單位應該負責。

6 對優先性、重要、緊急的問題,先列入處理。

企業最高經營者設定短期目標及中長期發展願景時，應注意的四個原則如下：

1. 目標應具一貫性
2. 目標應具戰略性
3. 目標應具數據化（以成果主義為導向）
4. 目標設定應注意合理性的基礎資料，而不是打高空，不切實際。不過也不能太保守，應具挑戰性。茲以下圖顯示，執行的過程：

圖 5-6

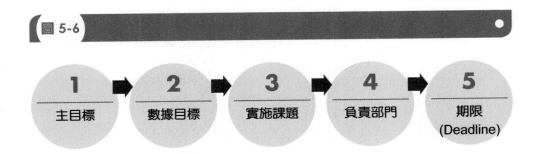

1	2	3	4	5
主目標	數據目標	實施課題	負責部門	期限 (Deadline)

探明原因的處理過程，大致有 4 個重點應予掌握，才能真正明白及解決問題，如下圖：

圖 5-7 原因探明 4 個重點

原因探明
4 個重點

1

應探索「變化的事件」是什麼？問題是起自於何種變化？對此，應熟練運用 6W、2H、1E。即 What、Where、Who、Why、When、Whom、How to do、How much、Evaluate。

2

應探索問題的「現在」與「過去」，互做比較對照，才知道差異及可能原因。

3

應從全事實與整合性的架構展開調整，而非片面、單一性的處理。

4

應展開實證、驗證及實驗，以確認是否真是此問題。

5-8 研訂及選擇方案的 3 個重點

企業在研訂及選擇解決方案時，應考量 3 個重點，如下圖示：

圖 5-8 研訂及選擇最適方案

研訂及選擇
最適方案

1

選擇的基準或評價基準項目是什麼？這是原則的確立。

2

是否正確、及時且有效的運用所搜集的訊息情報？

3

是否準備多個方案，以便在不同狀況及階段，使用不同的解決方案。

5-9 預測困難的原因點

　　企業經營對未來性的發展、解決及分析，面臨預測困難的事實。而此事實，主要起因於 4 大點，如下圖示：

圖 5-9　對未來預測困難的原因點

對未來預測困難的原因點

1 前提與假設的設定失誤或遺漏。

2 不確定技術的使用。

3 誤用民調或市調過於樂觀。

4 不可抗力的客觀環境劇烈改變。

5-10 問題解決技術理論與工具內容

如要具備優良的問題解決能力，應具備下列的理論及工具技能：

圖 5-10 問題解決的技能培養

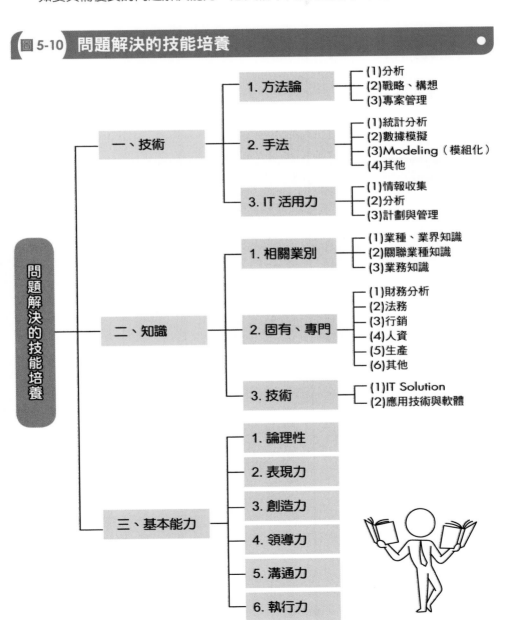

問題解決的技能培養

- 一、技術
  - 1. 方法論
    - (1)分析
    - (2)戰略、構想
    - (3)專案管理
  - 2. 手法
    - (1)統計分析
    - (2)數據模擬
    - (3)Modeling（模組化）
    - (4)其他
  - 3. IT 活用力
    - (1)情報收集
    - (2)分析
    - (3)計劃與管理
- 二、知識
  - 1. 相關業別
    - (1)業種、業界知識
    - (2)關聯業種知識
    - (3)業務知識
  - 2. 固有、專門
    - (1)財務分析
    - (2)法務
    - (3)行銷
    - (4)人資
    - (5)生產
    - (6)其他
  - 3. 技術
    - (1)IT Solution
    - (2)應用技術與軟體
- 三、基本能力
  - 1. 論理性
  - 2. 表現力
  - 3. 創造力
  - 4. 領導力
  - 5. 溝通力
  - 6. 執行力

Chapter 5

如何組織問題及解決問題

151

根據日文相關報導顯示，日本東芝集團培訓中堅幹部 4 種共通能力科目，應具備：

1. 問題解決力
2. 企劃力
3. 人際交涉力
4. 表達力 (Present)

如下圖示：

圖 5-11

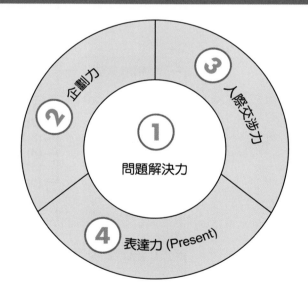

5-12 問題解決的步驟

一、檢討課題之定義與準備

我們舉某案例來看，如下圖示架構與邏輯順序：

 5-12

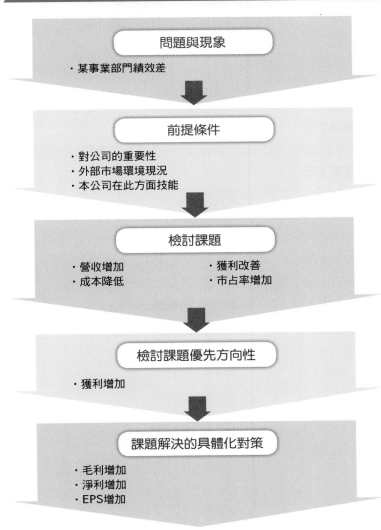

問題與現象

・某事業部門績效差

前提條件

・對公司的重要性
・外部市場環境現況
・本公司在此方面技能

檢討課題

・營收增加　　・獲利改善
・成本降低　　・市占率增加

檢討課題優先方向性

・獲利增加

課題解決的具體化對策

・毛利增加
・淨利增加
・EPS增加

如何組織問題及解決問題

二、現狀分析──獲利拆解分析

應深入研究，本年度獲利減少是哪些因素造成，這可從財務報告面及市場營運面分析。

圖 5-13 財務報表面分析獲利降低原因

財務報表面分析
獲利降低原因

1 銷售目標未達成

2 銷售價格下降

3 製造成本上升

4 毛利下降

5 管銷費用上升

6 營業外支出上升（如：利息計息、轉投資失敗）

三、問題點的掌握與對策研擬（樹狀圖分析法）

1. 市占率下降主要因素分析

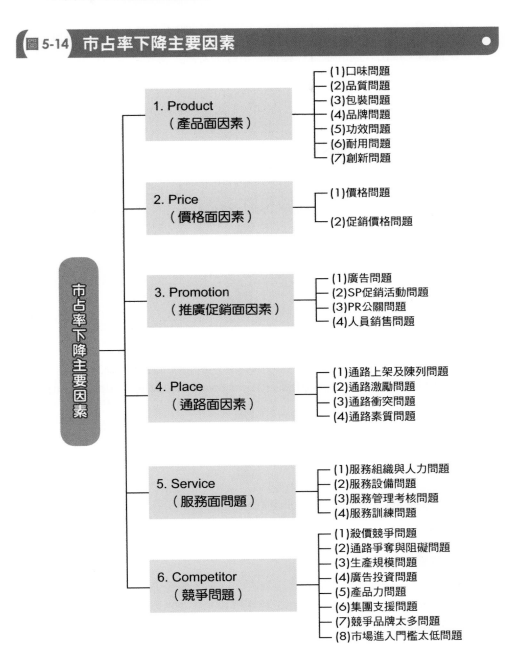

圖 5-14　市占率下降主要因素

市占率下降主要因素

1. Product（產品面因素）
- (1)口味問題
- (2)品質問題
- (3)包裝問題
- (4)品牌問題
- (5)功效問題
- (6)耐用問題
- (7)創新問題

2. Price（價格面因素）
- (1)價格問題
- (2)促銷價格問題

3. Promotion（推廣促銷面因素）
- (1)廣告問題
- (2)SP促銷活動問題
- (3)PR公關問題
- (4)人員銷售問題

4. Place（通路面因素）
- (1)通路上架及陳列問題
- (2)通路激勵問題
- (3)通路衝突問題
- (4)通路素質問題

5. Service（服務面問題）
- (1)服務組織與人力問題
- (2)服務設備問題
- (3)服務管理考核問題
- (4)服務訓練問題

6. Competitor（競爭問題）
- (1)殺價競爭問題
- (2)通路爭奪與阻礙問題
- (3)生產規模問題
- (4)廣告投資問題
- (5)產品力問題
- (6)集團支援問題
- (7)競爭品牌太多問題
- (8)市場進入門檻太低問題

5-13 IBM 解決問題六大步驟

處理企業日常營運的各種問題，是每一位專業經理人的首要責任。如何有系統地解析問題，找出問題的根源，從而設定解決方法及步驟，進一步創造良好的績效，卻是很多經理人最常遇到的困擾。IBM 在訓練經理人的過程中，就非常注重培養解決問題的能力。

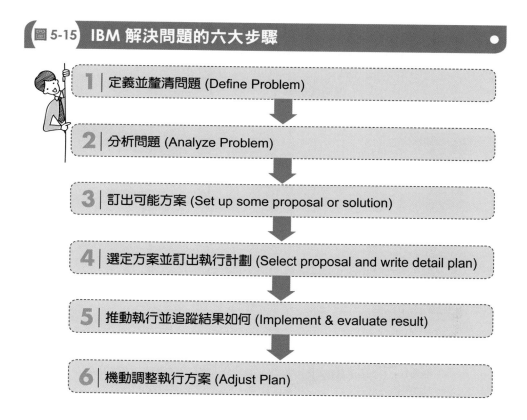

圖 5-15 IBM 解決問題的六大步驟

1 | 定義並釐清問題 (Define Problem)

2 | 分析問題 (Analyze Problem)

3 | 訂出可能方案 (Set up some proposal or solution)

4 | 選定方案並訂出執行計劃 (Select proposal and write detail plan)

5 | 推動執行並追蹤結果如何 (Implement & evaluate result)

6 | 機動調整執行方案 (Adjust Plan)

一、定義並釐清問題

首先，經理人必須澄清「問題是否存在」以及「是否值得解決」，在 IBM 多半會以蒐集相關資料、分析資訊方式，檢視問題是否真的存在，而透過下列幾個題目，將可協助經理人定義並釐清現狀：

1. 不面對的結果如何：對此問題如果不採取任何行動，是否會影響到企業目標的達成？

2. 現有的風險：目前會產生哪些風險？風險會有多大？

3. 現有能力及人力如何：我個人或團隊的力量足以提供解決方案嗎？

4. 對問題的了解度：我們能定義問題是如何產生？如何結束嗎？

定義並釐清現狀之所以重要，是因為在企業中，每天都會遇到問題，有些問題值得花心力解決，但有些問題很可能會隨時間而消失。因此，在時間資源都有限的情況下，經理人必須集中心力在「重點問題」上。

當確定「問題的確存在」，緊接著就必須將問題寫下來。清楚、簡潔、正確且每個人都可了解的陳述，將是解決問題的重要基礎。這個動作的最大意義，在於將問題具體化，並讓相關人員明瞭問題核心。

二、分析問題

在將問題界定清楚後，經理人就必須即刻進行問題分析，並找出產生的原因，許多管理學上的技巧，如魚骨圖 (Fish Bone Diagramming)，都可以作為分析工具。

此外，經理人也可以與部屬舉行討論會議，有系統地將問題產生的原因予以分類，並且列出解決的優先順序。

分析問題的過程除了可集眾人之智慧，也可以訓練員工們思考問題的能力。

在會議中，你可以請員工提出意見，並將問題產生的原因加以分類，隨後，再依問題原因的重要性排序，集中心力先解決首要的問題根源。

重點問題的描述與分析，包括：

1. 問題的事實是什麼？

2. 問題的起因、背景及演變是什麼？

3. 問題的影響面是什麼？影響程度、長遠性與對象是什麼？

4. 問題解決的優先性目標是什麼？可能的策略性方向是什麼？

5. 基本的政策與原則是什麼？解決的說詞是什麼？

三、訂出可能的解決方案

在訂出可能解決方案時，經理人可以邀請多位同仁，甚至跨單位的成員共同進行腦力激盪會議，以產生創新的想法。你可以鼓勵每位成員寫下所有可能的解決方案，點子愈多愈好，以創造豐富的可能性。

其實，大家都知道運用「腦力激盪」方式，找出可行的解決方案。但是，大多數人卻忽略了如何有系統的整理腦力激盪的結果。要將腦力激盪的結果點石成

如何組織問題及解決問題

金,關鍵在於排序。排序的原則包括:此方案是否真正能解決問題?是否能獲得管理階層的支持?以及是否可付諸執行等。透過精密的篩選,至少可以發掘三至四個可能方案。

四、選出解決方案訂出行動計劃

在面對三至四個可能方案,你該如何找出最佳方案,並訂定行動計劃呢?

你可以透過「影響力/執行力矩陣」(X 軸是影響力,亦即方案執行後的影響程度;Y 軸是執行力,亦即方案推行的難易程度),篩選出最佳的解決方案。

如果方案落在「影響力最大,推行度最容易」的象限,那就應該當機立斷,馬上針對此方案擬定行動計劃。

在擬定行動計劃時,有幾個要項值得銘記在心,例如:完成任務的先後順序、誰應該負責那件事、何時應該完成等,以確保計劃如期完成。

五、推行解決方案並追蹤結果

最後,執行及評估階段是不可或缺的部分。推動方案過程中,需要不斷檢視決策的推行狀況,並樹立各階段里程碑。

除此之外,為使評估順利進行,你也必須事前給予「成功」事項的定義,並明定衡量方式。

面對大多數的問題需要集眾人之智慧。如果問題對員工產生極大的衝擊、解決方案需要極大的創意、或經理人的資訊不充足時,經理人更應該以開放的態度,讓員工參與解決問題的過程,以團隊的力量化問題為機會,創造更好的營運成本。

雖然方案已在執行階段中,仍必須具有可機動調整可行方案內容的彈性,以備不時之需。

六、機動調整執行方案內容

針對前述追蹤結果,隨時要機動提出調整後的改善方案,以為應對之用。

國內第一大企業鴻海精密創辦人郭台銘，他所自創的「郭語錄」，在該公司內部很有名，幾乎他身邊每個特助及中高階主管都必須熟悉這些郭董事長數十年的經營心得與管理智慧。「郭語錄」廣泛被員工熟記且經常被考問到的，就是解決問題的智慧及作法。郭台銘提出九步驟，茲摘要闡釋如下，由於內容豐富，特分三單元介紹。

一、發掘問題

企業運作，其實都是在解決當前浮現出來的問題。如果沒有問題，就按照慣常方式 (Routine) 做下去。但是，如果出現棘手問題，就馬上尋求解決問題。不過，企業卓越經營者的定義有兩種：

1. 建立標準化：把處理事情的模式，儘量標準化 (Standard of Procedure, SOP)，亦即我們常說的，要建立一種「機制」(Mechanism)，透過法治，而不是人治，法治才可以久遠，人治則將依人而改變處理原則及方式，那是會製造更多的問題。有了標準化及機制化後，問題出現可能就會減少些。

2. 標準化不能解決所有問題：企業不可能在標準化之後，就沒有問題了。一方面是內部環境改變，使問題出現；另一方面是外部環境改變使問題出現。尤其是後者更難以控制，實屬不可控制因素。例如：某個國外大 OEM 代工客戶，因某些因素而可能轉向我們的競爭對手後，這就是大問題了。

因此，卓越企業的準則是希望提早發現問題，使問題在剛萌芽或發酵的潛伏期，我們就能即刻掌握而快速因應，撲滅或解決尚未形成的問題。因此，「發掘問題」是一門重要的工作與任務。

任何公司應有專業部門單位處理這些潛藏問題的發現與分析；另外，在各既有部門中，也會有附屬單位做這方面的事。當這些單位發掘問題後，就應循著一定的機制（或制度、規章、流程）反映到董事長或總經理或事業總部副總經理，好讓他們及時掌握問題的變化訊息，然後才能預先防範及思考因應對策。

二、選定題目

問題被發掘之後，可能會有下列兩種狀況：

圖 5-16 鴻海郭台銘創辦人問題解決 9 步驟

企業運作，其實都是在解決當前浮現出來的問題。如果沒有問題，就按照慣常方式做下去。如果出現棘手問題，就馬上尋求解決問題。

什麼是卓越的企業？

1. 把處理事情的模式，儘量標準化 (SOP)，亦即要建立一種機制。
2. 企業不可能在標準化之後，就沒有問題了。一方面是內部環境改變，使問題出現；另一方面是外部環境改變使問題出現。尤其是後者更難以控制，實屬不可控制因素。

1. 發掘問題

(1) 卓越企業的準則是希望提早發現問題，使問題在剛萌芽或發酵的潛伏期，即能掌握而快速撲滅或解決。
(2) 任何公司應有專業部門或附屬單位處理這些潛藏問題的發現與分析。
(3) 當發掘問題後，應循著一定機制反映到高階主管，好讓他們及時掌握問題訊息，思考因應對策。

問題被發掘後，可能會有下列兩種狀況：
1. 問題很複雜也有多種面向→必須深入探索分析，打開盤根錯節，挑出最核心、最根本且最必須放在優先性角度來處理。
2. 問題比較單純，比較單一面向→比較容易決定如何處理。

---

2. 選定題目

(1) 不管上述哪種狀況，在此階段，就是必須選定題目，確定要處理的主題或題目是什麼？
(2) 選定題目的原則
　　★當前的問題　　　★優先處理的問題　　★重大性的問題
　　★影響深遠的問題　★急迫的問題　　　　★影響多層面的問題
(3) 這些問題，都必須經由老闆或高階主管出面做決策。

3. 追查原因	4. 分析資料	5. 提出辦法	6. 選擇對策
7. 草擬行動	8. 成果比較	9. 標準化	

以製造業來說，國外客戶抱怨我們最近研發的新產品，品質出了問題，美國消費者 有反應。此時選定的題目，就是「品質不穩定」或「加強品質」等題目，做好進一步處理。以服務業來說，當康師傅速食麵殺進臺灣市場，採取的行銷主軸策略，就是低價格策略（或稱割喉戰）。因此，對統一、味王、維力各速食麵廠來說，此時所應選定的題目，應該就是競爭對手激烈的「殺價行動」所引起的威脅，以及我們的因應之道。因此，「價格因應」就成了解決的選定題目了。

1. 問題很複雜也有多種面向：這時候必須深入探索分析，打開盤根錯節，挑出最核心、最根本且最必須放在優先性角度來處理。
2. 問題比較單純，比較單一面向：這時候，就比較容易決定如何處理。

　　不管是上述哪一種狀況，在此階段，就是必須選定題目，確定要處理的主題或題目是什麼？選定題目有幾項原則，就是此項目必是當前的（當下的）問題、優先處理的問題、重大性的問題、影響深遠的問題、急迫的問題及影響多層面的問題等。這些問題，都必須經由老闆或高階主管出面做決策。至於小問題，就由第一線人員、現場人員或各部門人員處理即可。

三、追查原因

　　在追查原因時，要區分以下兩個層面來看：

1. 善用分析工具：比較有系統的分析工具，大概以「魚骨圖」方式或「樹狀圖」方式較為常見。以魚骨圖為例，如下圖所示，乃表示某一個浮現的問題，可以從四大因素與面向來看待，而每個因素又可分析出兩項小因子，因此，總計有八個因子，造成此問題的出現。至於「樹狀圖」也如下圖所示，其表示方法則是將問題的所有可能產生的原因分層羅列，從最高層開始，並逐步向下擴展。
2. 有形原因與無形原因：在追查原因上，我們還要再區分為有形的原因（即是可找出數據、來源或對象等支撐），以及無形的原因（即是無法量化、無法有明確數據，不易具體化的，比較主觀、抽象、感覺或經驗的）。然後，綜合這些有形原因與無形原因，作為追查原因的總結論。

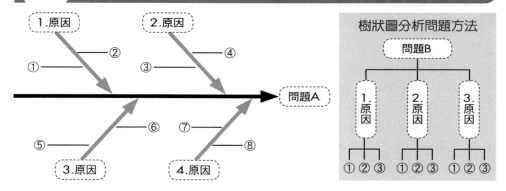

圖 5-17 魚骨圖分析問題方法

四、分析資料

分析最好要有科學化、統計化,以及系列性、長期性的數據加以支撐。不可憑短暫、短期、主觀、片面及單向性的數據,就對問題做出判斷。因此,在進行數據分析時,應注意以下幾項原則:

1. 歷史性、長期性比較分析:與過去數據相比較,看看發生了什麼變化?
2. 產業比較分析:與所在的產業相比較,看看發生了什麼變化?
3. 競爭者比較分析:與所面對的競爭者相比較,看看發生了什麼變化?
4. 事件行動比較分析:採取行動後,與沒有採取行動之前相比較,看看發生了什麼變化?
5. 環境影響比較分析:外部環境的變化狀況與自己現在的數據相比較,看看發生了什麼變化?
6. 政策改變影響比較分析:與政策改變後相比較,看看發生了什麼變化?
7. 人員改變影響比較分析:與人員改變後相比較,看看發生了什麼變化?
8. 作業方式改變比較分析:與作業方式改變後相比較,看看發生了什麼變化?

五、提出辦法

在資料分析後,大致知道該如何處理了。接下來,即是要集思廣益,提出辦法與對策。

其中,辦法與對策不應只限於一種,應從各種不同角度來看待問題與相對應的不同辦法,主要希望思考周全一些,視野放遠一些,以利老闆從各種面向考量,而做出最有利於當前階段的最好決策。

圖 5-18 鴻海郭台銘董事長問題解決 9 步驟

1. 發掘問題 ➡ 2. 選定題目

3. 追查原因

(1) 善用系統的分析工具，最為常見的是「魚骨圖」方式或「樹狀圖」方式。
(2) 在追查原因上，還要再區分為有形的原因與無形的原因，作為追查原因的總結論。
★有形的原因 → 可找出數據、來源或對象等支撐的原因。
★無形的原因 → 無法量化、無法有明確數據，不易具體化的，比較主觀、抽象、感覺或經驗的原因

4. 分析資料

(1) 分析最好要有科學化、統計化，以及系列性、長期性的數據加以支撐。
(2) 數據分析8原則：①歷史性、長期性比較分析 ②產業比較分析
③競爭者比較分析 ④事件行動比較分析
⑤環境影響比較分析 ⑥政策改變影響比較分析
⑦人員改變影響比較分析 ⑧作業方式改變比較分析

5. 提出辦法

應從各種不同角度來看待問題與相對應的不同辦法，以利老闆從各種面向考量，而做出最好決策。

 6. 選擇對策 ➡ 7. 草擬行動 ➡ 8. 成果比較 ➡ 9. 標準化

 知識補充站—— 提出辦法須知原則

在提出辦法與對策時，應注意以下原則：
1. 應進行自己部門內的跨單位共同討論，提出辦法；
2. 應進行跨別人部門的共同聯合開會討論、辯證、交叉詢問，然後才能形成跨部門、跨單位的共識辦法及對策；以及
3. 所提出的辦法應具有立竿見影之效與面對現實的勇氣，並分析該辦法可能產生的不同正面效果或連帶產生的負面效果。

六、選擇對策

提出辦法後，必須向各級長官及老闆做專案開會呈報，或個別面報，通常以開會討論方式居多。此時，老闆會在徵詢相關部門的意見與看法之後下決策。也就是老闆要選擇，究竟採取哪一種對策。

例如：某部門提出如何挽留國外大 OEM 客戶的兩種不同看法、思路與辦法對策請示老闆。老闆就要下決策，究竟是 A 案或 B 案。

當然老闆在下決策時，他的思考面向與部屬不一定完全相同，此時老闆的選擇對策，要基於下列比較因素與觀點：1. 短期與長期觀點的融合；2. 戰略與戰術的融合；3. 利害深遠與短淺的融合；4. 局部與全部的融合：5. 個別公司與集團整體的融合；以及 6. 階段性任務的考量。

七、草擬行動

老闆做下選擇對策之後，即表示確定了大方向、大策略、大政策與大原則。接下來，權益部門或承辦部門，即應展開具體行動與計劃的研擬，以利各部門作為實際配合執行的參考作業。

在草擬行動方案，為使其可行與完整，同樣的，也經常在結合相關部門單位，共同或分工分組研擬具體實施計劃，然後再彙整成為一個完整的計劃方案。

八、成果比較

當行動進入執行階段後，就必須即刻進行觀察成效如何。有些成效，當然是短期內可以看到，但有些成效則需要較長的時間，才可以看到它所產生的效果，這樣才比較客觀。因此，對於成果比較，我們應掌握以下幾點原則：

1. 短期成果與中長期成果的比較觀點；
2. 所投入成本與所獲致成果的比較分析；
3. 不同方案與作法下，所產生的不同成果比較分析；
4. 戰術成果與戰略成果的比較分析；
5. 有形成果與無形成果的比較分析；
6. 百分比與單純數據值的成果比較分析；
7. 當初所設定預期目標數據與實際成果的比較分析。

在以上 7 點成果比較分析的兼顧觀點下，才能正確掌握成果比較的真正意義與目的。

九、標準化

當成果比較確認了改善或革新效益正確後，即將此種對策作法與行動方案，

圖 5-19　鴻海郭台銘創辦人問題解決 9 步驟

1. 發掘問題 ➡ 2. 選定題目 ➡ 3. 追查原因 ➡ 4. 分析資料 ➡ 5. 提出辦法

要向各級長官及老闆做專案開會呈報或個別面報。

6. 選擇對策

(1) 老闆會在徵詢相關部門的意見與看法後下決策。
(2) 老闆選擇對策的比較因素與觀點
　　①短期與長期觀點的融合　　②戰略與戰術的融合
　　③利害深遠與短淺的融合　　④局部與全部的融合
　　⑤個別公司與集團整體的融合　⑥階段性任務的考量

老闆選擇對策後，即表示確定了大方向、策略、大政策與大原則。

7. 草擬行動

權益部門或承辦部門或結合相關部門單位，共同或分工分組展開具體行動與計劃的研擬。

當行動進入執行階段，要即刻進行觀察成效如何。

8. 成果比較

(1) 有些成效短期內可看到，但有些則要較長時間才可看到效果，這樣才比較客觀。
(2) 成果比較7原則
　　①短期成果與中長期成果的比較觀點
　　②所投入成本與所獲致成果的比較分析
　　③不同方案與作法所產生的不同成果比較分析
　　④戰術成果與戰略成果的比較分析
　　⑤有形成果與無形成果的比較分析
　　⑥百分比與單純數據值的成果比較分析
　　⑦當初所設定預期目標數據與實際成果的比較分析

9. 標準化

當成果比較確認革新效益正確後，即將此種對策作法與行動方案製作成公司或工廠作業的標準操作手冊及作業守則。

加以文字化、標準化、電腦化、制度化，爾後相關作業程序及行動，均依此標準而行。最後，就成了公司或工廠作業的標準操作手冊及作業守則。

知識補充站——制敵於機先

問題解決 9 步驟説明，係針對鴻海集團郭台銘創辦人對該集團面對任何生產、研發、採購、業務、物流、品管、售後服務、法務、資訊、談判、策略聯盟合作、合資布局全球、競爭力分析、降低成本等諸角度與層面，來看待對解決問題的九大步驟。當然，企業為爭取時效，有時會壓縮各步驟的時間或合併數個步驟一起快速執行，這都是經常可見，也應習以為常。畢竟，在今天企業激烈競爭的環境中，唯有反應快速，才能制敵於機先，搶下商機或避掉問題。

5-15 如何建立有效的問題發現與問題解決導向的組織架構體系

就法制及長期發展而言，在企業及集團內部建立一種主動、積極、監督與解決問題式的組織架構體系及機制，是企業老闆必須重視的。如下圖示：

圖 5-20

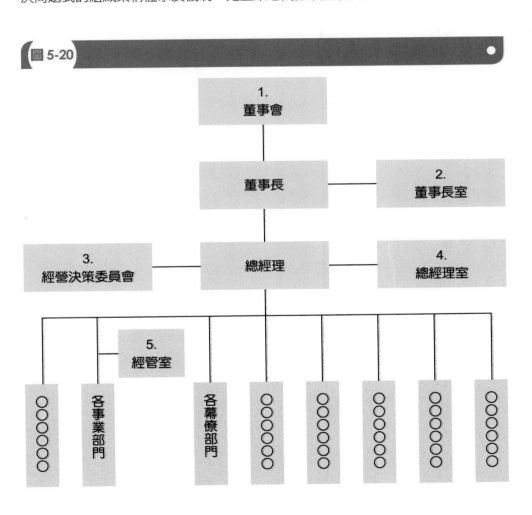

茲將上述部門之功能角色，略述如下：

表 5-1　各部門功能角色

一、董事會	二、董事長室	三、經營決策委員會	四、總經理室	五、事業總部經管室
1. 公司最高決策機構 2. 每季至少召開一次董事會 3. 外部獨立董監事至少兩名以上 4. 必須善盡監督及建言 5. 不能成為董事長的酬庸	負責集團或公司中長期事業版圖擴張、策略規劃、集團資源整合、投資控管及董事長指示之專案事項處理	1. 由各部門一級主管組成 2. 討論重大決策事項	負責各事業總部、幕僚部門、各廠、海外據點之經營分析、異常控管及跨部門協調處理	1. 經營管理室隸屬各事業總部 2. 必須對自己總部的營運事項提出分析、檢討、改善報告

5-16 如何裁示部屬所提的分析案及報告案——提升自己看報告能力的三項要點

做為一個中階或高階主管，每天、每週、每月都有大大小小來自自己部門或會辦的簽呈案或是開會時的書面報告案。

究竟應如何提升自己看報告後，下指示的能力呢？歸結作者十多年來，看過數十個老闆或高階主管的討論及裁示過程，大致可以歸納為三大要點：

一、不能只看部屬報告內容而已，而要跳脫開來。

通常一般主管是部屬報告什麼，就針對部屬所提的進行裁示。這種主管的裁示算是不合格的，尤其在面臨比較戰略性或大的報告案，更是如此。

部屬基於他們的層次低、年齡輕、經驗不足、投入度不夠、視野短、專業不足，以及不夠了解公司整體。因此，做主管的必須在腦海中，對此類報告要有整體觀、邏輯觀，以及見樹又見林，勿完全隨著部屬的思路及內容而走。要跳脫到更高、更遠的視野，來裁示部屬報告的優缺點，可行性及修正點在哪裡。

二、要問：寫此報告的人，是否真的具有此行的專業知識及經驗。

有些報告內容，不是外行人能寫好的，我們應力求撰寫報告者，對此行業、此專長領域，是有經驗的，馬上可以用的，而不是叫一群高學歷，但卻一點經驗也沒有的人來寫報告。否則，即使報告寫的洋洋灑灑，但卻無可行性與獲利性。

三、報告內容應具備 17 要點內容，勿有遺漏。

如下圖：

圖 5-21 報告內容應具備 17 要點內容

1 | What（要做什麼、什麼目標與目的）

2 | Why（為何如此做，是何原因）

3 | Where（在何處做）

4 | When（何時做，何時完成）

5 | Who（誰去做，誰負責）

6 | How to do（如何做，創意為何）

7 | How much money（要花多少錢做，預算多少）

8 | Evaluate（評估有形及無形效益）

9 | Alternative Plan（是否有替代方案及比較方案）

10 | Risky Forecast（是否想到風險預測、風險多大）

11 | Market Research（是否有進行市場調查、行銷研究）

12 | Balance Viewpoint（是否具有平衡觀點，勿偏一方）

13 | Competitive（是否具有贏的競爭力）

14 | How Long（要做多長、多久）

15 | Logically（是否具合理性及邏輯性）

16 | Comprehensive（是否完整性及全方位觀）

17 | Whom（對象、目標是誰？）

報告內容應具備 17 要點內容

再如下表：

表 5-2

項次	要點	名稱	重點描述
1	Why	為什麼	
2	What	做什麼	
3	Who	誰去做	
4	Where	在何處做	
5	When	何時做	
6	How to do	如何做	
7	How much money	花多少錢做	
8	How long	做多久	
9	Alterative Plan	替代方案	
10	Evaluate	效益評估	
11	Risky Forecast	風險預估	
12	Market Research	市場研究	
13	Balance Viewpoint	平衡觀點	
14	Competitiveness (Core Competence)	核心競爭力	
15	Logically	合理性、邏輯性	
16	Comprehensive	完整性、全方位性	
17	Whom	對象、目標是誰	

Chapter 5

如何組織問題及解決問題

171

公司不同階層的主管，在問題分析與問題解決中，可以區分其工作任務，大致如下：

- 基層人員及基層主管：以「問題分析」為主。
- 中階主管：以「對策研擬」為主。
- 高階主管：以「下最後決策」為主。

請參閱下圖：

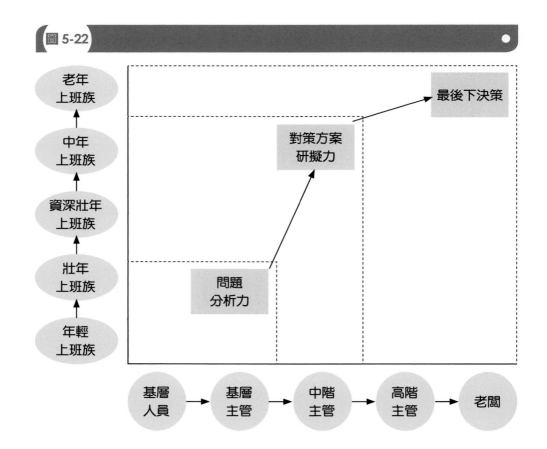

圖 5-22

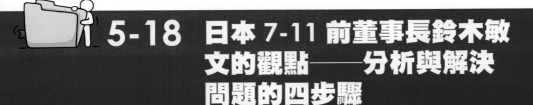

5-18 日本 7-11 前董事長鈴木敏文的觀點——分析與解決問題的四步驟

　　日本最大、也是全世界第一大、已突破 2.5 萬店的日本 7-11 便利超商公司前董事長鈴木敏文,在其所著《統計心理學》與《消費心理學》等兩本專書指出,他個人分析與解決問題的 4 個步驟。茲以圖示如下:

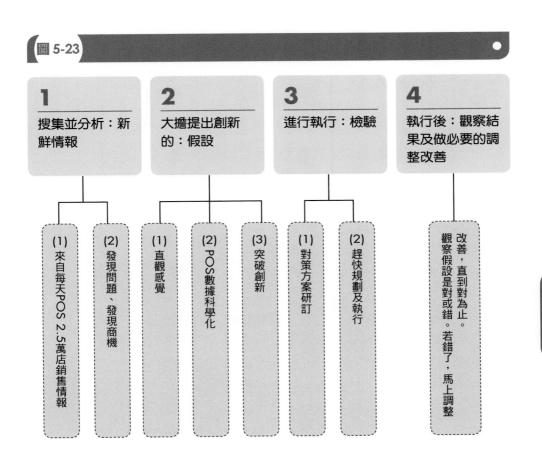

圖 5-23

1 搜集並分析:新鮮情報

2 大擔提出創新的:假設

3 進行執行:檢驗

4 執行後:觀察結果及做必要的調整改善

(1) 來自每天POS 2.5萬店銷售情報

(2) 發現問題、發現商機

(1) 直觀感覺

(2) POS數據科學化

(3) 突破創新

(1) 對策方案研訂

(2) 趕快規劃及執行

觀察假設是對或錯。若錯了,馬上調整改善,直到對為止。

5-19 以「團隊小組」(Work Shop) 為解決問題之導向

　　企業實務上，經常針對較大的問題及工作事項，而成立跨部門及跨單位的「工作團隊小組」，期以收效較大。工作團隊小組的作業流程，大致如下：

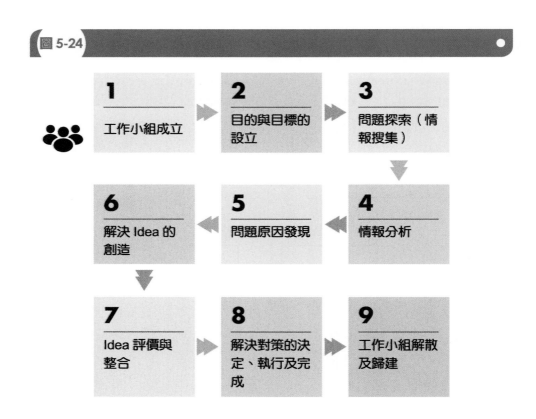

圖 5-24

1 工作小組成立 ▶ **2** 目的與目標的設立 ▶ **3** 問題探索（情報搜集）

6 解決 Idea 的創造 ◀ **5** 問題原因發現 ◀ **4** 情報分析

7 Idea 評價與整合 ▶ **8** 解決對策的決定、執行及完成 ▶ **9** 工作小組解散及歸建

5-20　台塑集團專案小組運作模式及流程

一、確定專案之目的、範圍、對象及要點。

二、組成專案小組（人員專長、部門、人數）。

三、釐定工作計劃（進行項目、進度及需配合或協助事項）。

四、現狀瞭解（製程、作業方式、主要特性、績效狀況及特定項目）。

五、理出結構（歸納各績效值或瞭解所知事項，以顯示主要項目）。

六、分析要項（針對主要項目之影響績效要因進行分析）。

七、發掘問題點並加以歸納。

八、問題點求證（依績效值分析結果之問題點，向實際發生部門求證）。

九、改善方案之擬定及檢討可行性、投資價值。

十、改善案之試行及修正。

十一、改善效益及執行進度擬定。

十二、績效標準與目標值修訂。

十三、專案報告彙總提出。

十四、改善案執行進度與效果跟催。

5-21 解決問題的當事者是誰

首先我們要想到,這是誰的問題。是哪個部門、哪個單位、哪個人的問題,這是解決問題的基本要件。

站在不同立場看問題,是會有不同的看法。例如一般基層人員、中層幹部、高階幹部或是老闆,自然有不同看法。應從誰的立場來考量問題,可以有三種區別:

1. 從不同職級上看。是組長、課長、經理、副總經理的立場。
2. 從不同功能上看。是營業、製造、研發或企劃等立場。
3. 個人立場、部門立場或公司立場上看,也有不同。

下圖顯示出此問題:

圖 5-25 冰山下存在的問題是什麼?(要看船長站在何種立場考量)

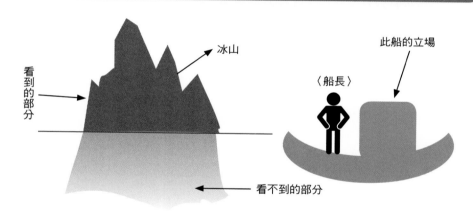

看到的部分

冰山

〈船長〉

此船的立場

看不到的部分

5-22 輔導顧問能力之分析

企業界經常邀聘外界專家或學者，進入公司擔任輔導顧問，協助企業在某些方面的問題改善或發展。因此，「顧問能力」(Consultant Capabilities) 也可以形成一門學問，或是專業的能力。特別是在分析問題與解決問題方面，自是有一套邏輯可循。茲說明幾個重點如下：

一、應具備的 6 種顧問能力

要在企業界擔任輔導顧問，不管是哪一方面的顧問（包括策略、行銷、業務、生產、品管、研發設計、物流、客戶服務、工程技術、採購、財務會計、人力資源、教育訓練、新聞節目……等），應具備 6 種顧問能力：

1. 問題發現能力；2. 解決對策方案研擬能力；3. 做簡報能力；4. 推進變革能力；5. 對自己價值創造能力；6. 溝通能力

圖 5-26 企業顧問應具備的 6 種能力

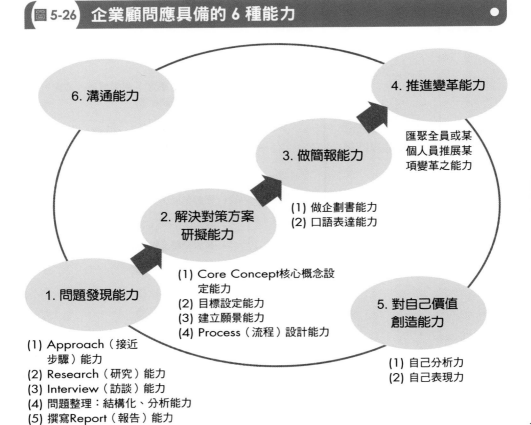

177

二、研究的種類 (Research Type)

對企業問題與對策的研究方式，大致可區分為四種：

1. 採取「調查」方式
2. 採取「深度訪談」(Interview) 方式
3. 採取「現場（第一線）取材」方式
4. 採取「資料分析」方式

一般來說，為了追求問題的真相與對策的有效性，應同時併用這 4 種方式進行研究。茲圖示這 4 種方式細項如下：

圖 5-27　企業顧問展開研究的 4 種方式

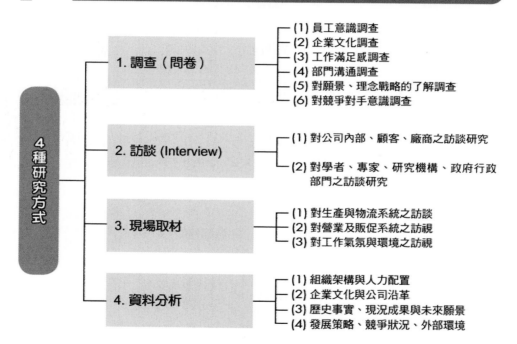

4 種研究方式

1. 調查（問卷）
- (1) 員工意識調查
- (2) 企業文化調查
- (3) 工作滿足感調查
- (4) 部門溝通調查
- (5) 對願景、理念戰略的了解調查
- (6) 對競爭對手意識調查

2. 訪談 (Interview)
- (1) 對公司內部、顧客、廠商之訪談研究
- (2) 對學者、專家、研究機構、政府行政部門之訪談研究

3. 現場取材
- (1) 對生產與物流系統之訪談
- (2) 對營業及販促系統之訪視
- (3) 對工作氣氛與環境之訪視

4. 資料分析
- (1) 組織架構與人力配置
- (2) 企業文化與公司沿革
- (3) 歷史事實、現況成果與未來願景
- (4) 發展策略、競爭狀況、外部環境

三、研究設計 (Research Design) 七步驟

企業顧問進行研究設計的流程，可區分為 7 個步驟，如下圖示：

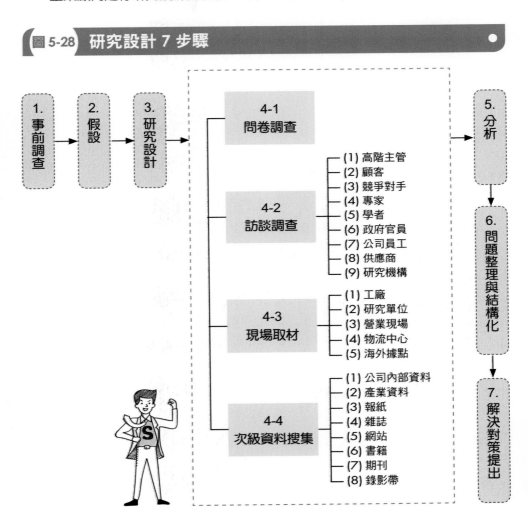

圖 5-28　研究設計 7 步驟

1. 事前調查 → 2. 假設 → 3. 研究設計

4-1 問卷調查

4-2 訪談調查
- (1) 高階主管
- (2) 顧客
- (3) 競爭對手
- (4) 專家
- (5) 學者
- (6) 政府官員
- (7) 公司員工
- (8) 供應商
- (9) 研究機構

4-3 現場取材
- (1) 工廠
- (2) 研究單位
- (3) 營業現場
- (4) 物流中心
- (5) 海外據點

4-4 次級資料搜集
- (1) 公司內部資料
- (2) 產業資料
- (3) 報紙
- (4) 雜誌
- (5) 網站
- (6) 書籍
- (7) 期刊
- (8) 錄影帶

5. 分析

6. 問題整理與結構化

7. 解決對策提出

Chapter 6

如何培養「戰略思考力」

6-1 戰略思考力的重要性及五種能力

一、戰略思考力的重要性

「戰略思考力」(Strategic Thinking Capabilities) 是所有問題發現與問題解決，最高層次、最核心本質內涵，與最具前瞻視野的一種根本思考力。

在企業界，上至董事會、董事長、總經理，下至各事業總部及各幕僚部門的資深副總經理或副總經理等主管，均應具備這種根本的戰略思考力。

戰略思考力談的是國家的大政方針、整個集團中長程發展的願景目標、集團分工架構、集團資源整合、集團重大發展策略、集團營收目標、與集團的政策等大方針與大戰略。當然，就各個事業總部單位而言，除了戰術計劃與行動之外，也會涉及到對此事業總部中長期發展之戰略問題與戰略決策。

二、戰略思考力的構成要素——五種能力

究竟應如何具備「戰略思考力」呢？必須具備五種能力，如下圖示，包括：

第一種能力：情報搜集能力；第二種能力：結構分析能力；第三種能力：預測能力；第四種能力：對策方案策定力；第五種能力：決策力（決斷力）。

圖 6-1

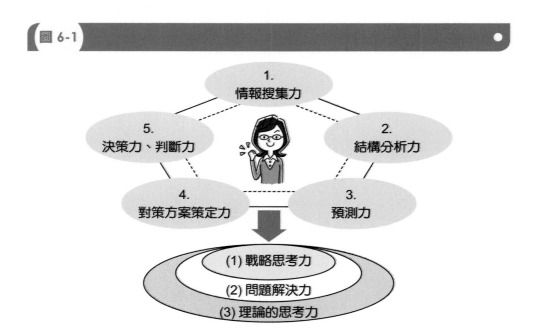

6-2 戰略思考的五大程序

戰略思考的五大程序，也是戰略思考的五大基本點，包括如下圖示：

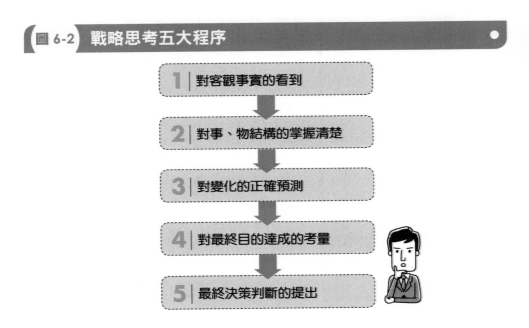

圖 6-2 戰略思考五大程序

1 | 對客觀事實的看到

2 | 對事、物結構的掌握清楚

3 | 對變化的正確預測

4 | 對最終目的達成的考量

5 | 最終決策判斷的提出

一、對客觀事實的看到

對企業問題事實現象的搜集，大致會經過三個階段，如下：

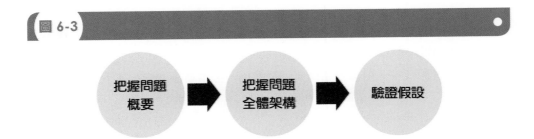

圖 6-3

把握問題概要 ➡ 把握問題全體架構 ➡ 驗證假設

183

那麼，對所發現的事實，應如何做有系統與有理論性架構的分類呢？大致上，可以從：

1. 對內觀點及對外觀點的分類。

2. 總體巨觀觀點及微觀個體觀點的分類。如下圖示：

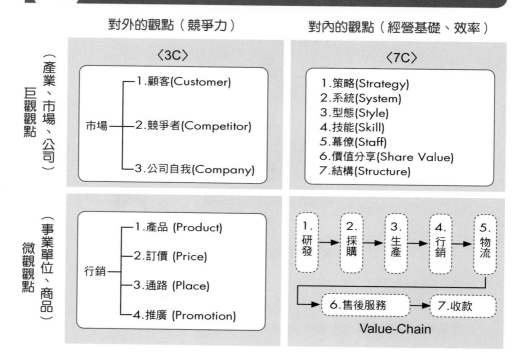

圖 6-4　企業問題事實的分類方式及觀點

對外的觀點（競爭力）　　　　對內的觀點（經營基礎、效率）

（產業、市場、公司）

巨觀觀點

〈3C〉

市場┬1.顧客(Customer)
　　├2.競爭者(Competitor)
　　└3.公司自我(Company)

〈7C〉

1.策略(Strategy)
2.系統(System)
3.型態(Style)
4.技能(Skill)
5.幕僚(Staff)
6.價值分享(Share Value)
7.結構(Structure)

（事業單位、商品）

微觀觀點

行銷┬1.產品 (Product)
　　├2.訂價 (Price)
　　├3.通路 (Place)
　　└4.推廣 (Promotion)

1.研發 → 2.採購 → 3.生產 → 4.行銷 → 5.物流
→ 6.售後服務 → 7.收款
Value-Chain

二、對事物結構與因果關係的發現及掌握清楚 —— 不斷追問：Why? Why? Why?

在戰略性思考中，對事物結構與因果關係，必須掌握清楚，如下圖示：

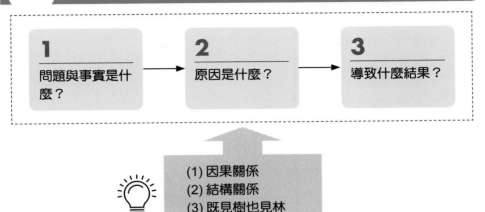

圖 6-5　對事、物結構與因果關係的掌握清楚

1
問題與事實是什麼？

→

2
原因是什麼？

→

3
導致什麼結果？

(1) 因果關係
(2) 結構關係
(3) 既見樹也見林

　　在問題→原因→結果的三循環分析中，必須清楚釐清這三者間的因果及結構關係，同時更重要的是既能見樹，又能見林。

　　在此過程循環及思考中，必須不斷的追問：Why？Why？Why？為什麼？為什麼？為什麼？真是如此嗎？為什麼是如此？如果不是如此，又會是什麼？應以探索真相與真理的態度，追出本質出來，才能對症下藥，藥到病除。

三、對變化的預測力

　　在戰略思考過程中，對變化的預測力，也是重要的一環，因為，要做下決策時，必須想到未來變化將會是如何。對變化的預測，要從五個面向來看：

- **第一個面向是變化的「本質」，包括：**
  1. 何時 (When) 會發生變化？
  2. 變化會影響到那些 (What)？
  3. 變化的衝擊力道大小？
  4. 變化的可能發生機率有多大、多高？
- **第二個面向是變化的「結構」，包括：**
  1. 產生結構性變化
  2. 產生非結構性變化
- **第三個面向是變化的「質與量」，包括：**
  1. 產生量的變化
  2. 產生質的變化

- 第四個面向是變化的「種類」，包括：
  1. 法令變化
  2. 技術變化
  3. 顧客（消費者）變化
  4. 供應商變化
  5. 通路商變化
  6. 競爭者變化
  7. 國內外經貿環境變化

- 第五個面向是「預測的期間」，包括：
  1. 一年內（短期）
  2. 二～五年（中期）
  3. 五年～十年（長期）

四、對最終目的達成的戰略思考點

戰略思考與戰略作為，是介於現狀與目的兩者之間的關鍵接續點，如下圖示：

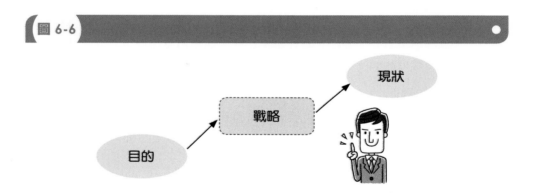

圖 6-6

但是，對於策訂戰略則應有三個觀點來看待：

第一：在哪裡決戰？以及與誰決戰？ (Where and whom to compete?) 包括哪些事業別、商品、價值鏈、地區別、區隔顧客別等思考。

第二：在什麼時間點？ (What time / timing?) 應介入參與或全力投入競逐。

第三：公司或集團有哪些作戰資源？ (What resources?) 具競爭力可投入戰場力。包括有形資產有哪些？無形資產有哪些？ R&D 研發力、生產力、銷售力、採購力、物流力、資訊力、銷售力、採購力、物流力、資訊力、專利權力、人才力……等資源競爭力之評估與規劃。

另外，如果從 Michael E. Porter 波特教授的三種一般化競爭策略來分析，則可以有如下圖所示：

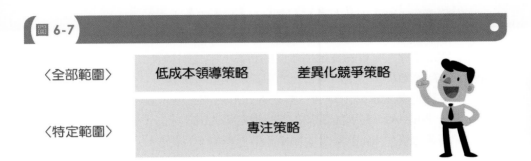

圖 6-7

| 〈全部範圍〉 | 低成本領導策略 | 差異化競爭策略 |
| 〈特定範圍〉 | 專注策略 | |

五、下決策之前的戰略查核點

第一：首先應該訂出決策（決定）的「評價指標」或評價基準為何 (Evaluate Criteria)。

第二：其次，應切記：What-Why-How-Evaluate 的四連制關係思考與詢問，如下圖。

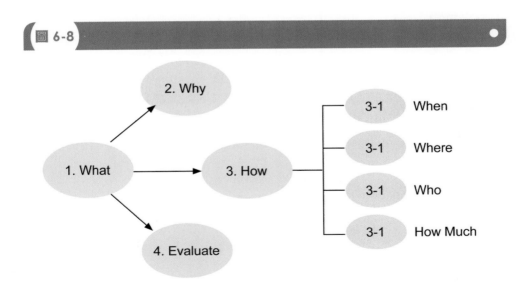

圖 6-8

企業最高領導人有責任提出每年度的預算、中長期願景目標的具體數據及文字描述，做為激勵及指引全體同仁全力以赴的指標。例如：

- 統一康是美宣示從 100 店→擴充到 500 店的五個年度目標。
- 統一 7-Eleven 宣示從 3,000 店→擴充到 7,000 店的十個年度目標。
- 鴻海集團宣示 2030 年營收目標要破新臺幣 10 兆元。
- 台積電成為全球最大晶圓研發與代工廠。

一般來說，年度目標與願景目標可從以下四個角度來研訂：

圖 6-9 願景目標訂定

願景目標
訂定

1 從營收額數據訂定

2 從第一品牌、市占率數據訂定

3 從國內或全球化數據訂定

4 從財務面數據訂定

Chapter 7

見樹未見林 vs. 見樹又見林

7-1 發生「見樹未見林」的7種來源型態

　　在企業界工作多年的朋友們或老闆，經常看到企業內部各單位的報告案、分析案或企劃案發生「見樹未見林」的缺失現象。此現象也常會誤導老闆或部門主管做下偏差的決策或裁示。因此，企業應極力避免「見樹未見林」之現象出現。

　　實務上，經常出現「見樹未見林」的7種來源狀況，如下圖示：

圖 7-1　見樹未見林之7種來源型態

型態 1	只見自己部門，但未見其他部門狀況

型態 2	只見自己部門，但未見公司整體狀況

型態 3	只見自己公司，但未見集團整體狀況

型態 4	只見自己，但未見競爭者狀況

型態 5	只見自己公司，但未見整個產業與市場狀況

型態 6	只見自己現在，但未見過去狀況

型態 7	只見自己現在，但未見投入程度狀況

7-2 「見樹又見林」的七種思考

如果要「見樹又見林」，則要杜絕前述的七種來源型態。換言之，必須思考各種與自己相關的構面及層面的「相關性」、「利益性」及「比較性」。如下圖示：

一、思考自己與其他部門的關連性、利益性及比較性

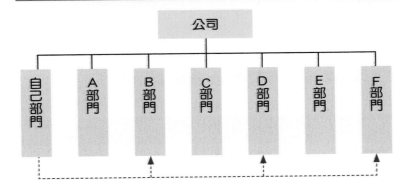

圖 7-2 自己部門與 B、D、F 三個部門均有關聯性

二、思考自己與公司整體的關連性、利益性及比較性

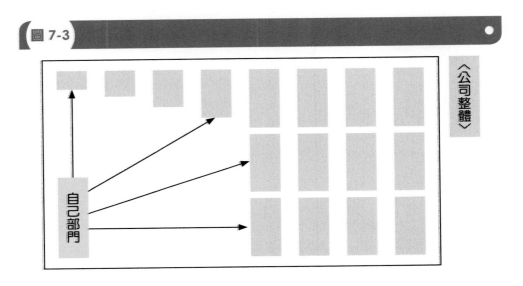

圖 7-3

三、思考公司與集團整體關連性、利益性及比較性

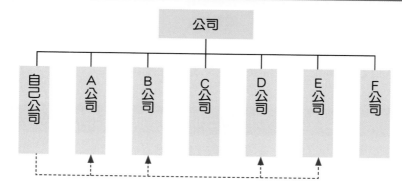

圖 7-4 A 公司與 B、D、E 三家關係企業的關聯性、利益性及比較性 ●

四、思考自己與競爭對手的關聯性、利益性及比較性

圖 7-5

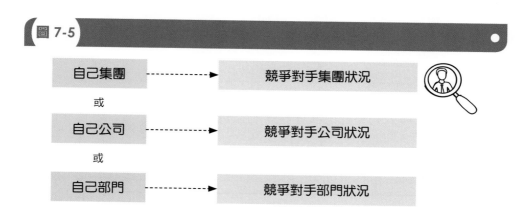

五、思考自己公司與整個產業及市場的關聯性、利益性及比較性

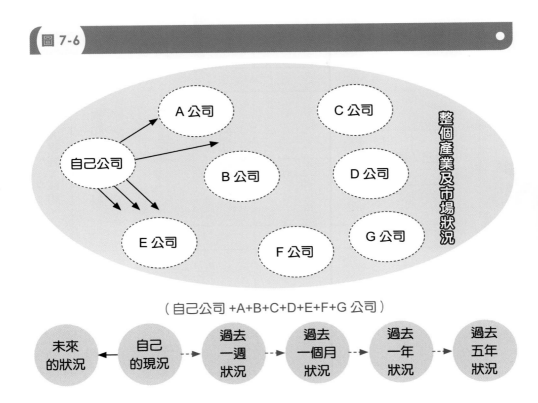

圖 7-6

（自己公司 +A+B+C+D+E+F+G 公司）

六、思考自己的現況，以及所投入程度的關聯性、利益性及比較性

圖 7-7

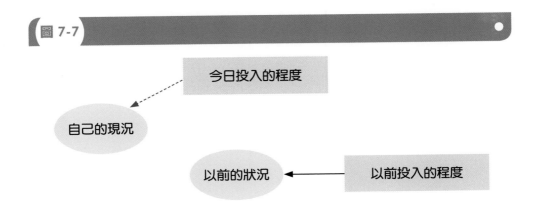

七、思考自己與國際（世界）水準的關聯性、利益性與比較性

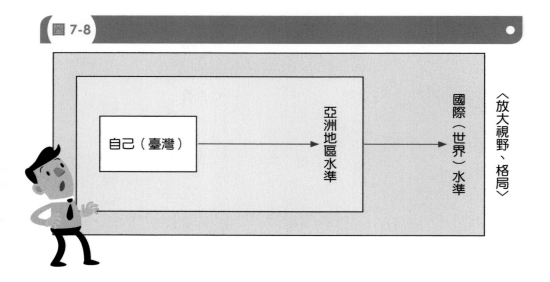

圖 7-8

自己（臺灣） → 亞洲地區水準 → 國際（世界）水準

〈放大視野、格局〉

Chapter 8

思考解決對策

8-1 對策選擇方式

解決對策的提出，大概有下列三種方式，如下圖示：

一、針對一個問題點提出兩個以上的對策方案，提供比較分析、評估及選擇

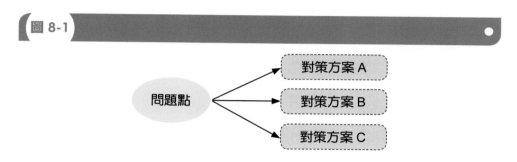

圖 8-1

二、針對一個問題點，提出一個對策方案

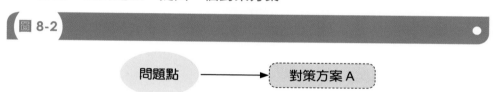

圖 8-2

三、針對多個問題點，提出多個對策方案

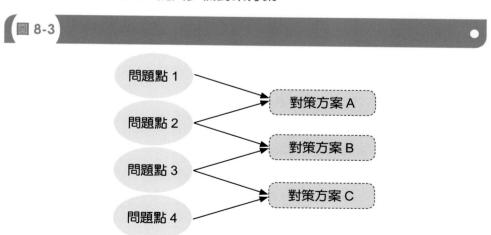

圖 8-3

8-2 發現與解決問題應具備「六到」

一般經常聽到，應要有「六到」的精神，才能真確發現及解決企業問題。這六到即是：

一、耳到：耳朵要多聽。要聽到內部工廠及各部門基層員工、顧客、海外大客戶、供應商、學者專家、大型零售商、政府執行部門、會計師及律師……等對本公司的建言。因此，要耳聽八方，然後，自己再做判斷。如果沒有聽到，就沒有訊息情報來源了。

二、腳到：解決問題的人要腳到，親自到發生問題的現場。包括可能是研發設計、生產工廠、品管、倉儲物流、門市店銷售、客戶、供應商、客服 Call-Center 現場……等。

三、眼到：要親眼看到。光聽到還不夠，要親眼看到及觀察到才可以。所謂眼見為憑，即為此意。因為，自己看到才能體會，才會有所判斷依據。否則只聽別人轉述，易被誤導或斷章取義。

四、手到：要實際用手摸到。實做的現場或據點，必須用手去觸摸、操作、實驗、服務等，才會有真感受。

五、口到：要親口發問。問出問題的本質與解決方向。因為，不發問只靠聽別人講、只靠眼睛去觀察，仍是不夠的。很多事情的背景及來龍去脈，不是外表呈現的那樣，有更深層的原因造成。因此，要親口發問，而且要懂得問，問出答案來。

六、心到：要用心去感受體會，所謂「心有同感」即為此意。唯有，將心比心與認真用心的去思考問題，才會得到比較好的解決對策。

圖示「六到」如下：

圖 8-4 發現與解決問題應具備的「六到」

發現與解決問題應具備的「六到」

1	2	3	4	5	6
耳到	腳到	眼到	手到	口到	心到

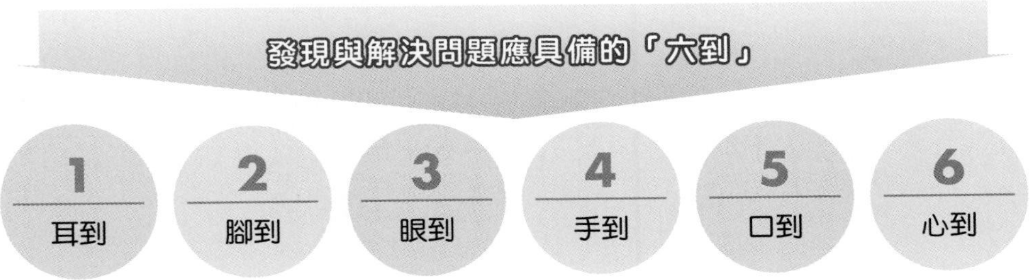

8-3 解決問題的會議模式及流程

解決問題會議討論模式流程，包括下圖所示的五個流程步驟：

第一：提出問題

（一）可能是老闆主動提出

（二）可能是權責各部門提出

（三）可能是高階幕僚單位提出

第二：研擬提出初步對策方案

（一）可能由權責部門單獨提出方案

（二）可能是權責部門與跨部門開會討論後，提出共識方案

（三）亦可能是高階幕僚單獨提出建議方案

第三：向總裁董事長或總經理進行專案報告。

會議可能會舉行一次、二次或三次或多次，經過不斷討論。

第四：形成共識，並由最高主管拍板敲定決議與決策。

第五：如果屬於公司重大性策，則需提呈董事會報備或討論修正。

此外若還涉及範圍廣泛，也經常邀請外部專業人士列席表達意見，以周延決策。這些外部專業人士包括會計師、律師、顧問、供應商、重要客戶、學者、專家及相關人士等。

圖 8-5　解決問題的會議模式及流程

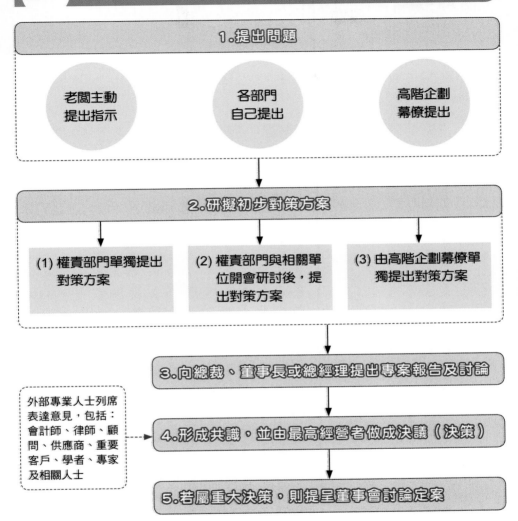

1.提出問題

老闆主動
提出指示

各部門
自己提出

高階企劃
幕僚提出

2.研擬初步對策方案

(1) 權責部門單獨提出
對策方案

(2) 權責部門與相關單
位開會研討後，提
出對策方案

(3) 由高階企劃幕僚單
獨提出對策方案

3.向總裁、董事長或總經理提出專案報告及討論

外部專業人士列席
表達意見，包括：
會計師、律師、顧
問、供應商、重要
客戶、學者、專家
及相關人士

4.形成共識，並由最高經營者做成決議（決策）

5.若屬重大決策，則提呈董事會討論定案

Chapter **8**

思考解決對策

8-4 解決問題過程中經常借重的外部專業單位

下列二十三種外部單位專業人士，是公司在解決問題過程中，經常請教的對象：

表 8-1

項次	外部單位（外部人員）	問題解決
1.	會計師事務所	(1) 財簽 (2) 稅簽 (3) 併購案 (4) 上市、上櫃案 (5) 公司申請變更 (6) 其他會計與稅務事務等
2.	證券公司（承銷商）	輔導上市、上櫃作業及承銷作業
3.	銀行	融資借款（短期及中長期借款）
4.	財務顧問公司	(1) 合併案 (2) 資金仲介 (3) 收購案 (4) 私募增資
5.	投資銀行、投資機構	(1) 私募增資 (2) 財務結構調整 (3) 併購 (4) 發行公司債
6.	無形資產鑑價公司	對無形資產（如技術專利、研發 Know-how、片庫、軟體程式等）鑑價，以做為擔保品融資
7.	不動產鑑價公司	對房屋、土地、大樓、廠房之鑑價
8.	製造技術服務公司	提供某種特殊製程技術之公司
9.	認證公司	各種認證取得之服務公司（例如：ISO9002……等）
10.	專利權登記公司	登記各種技術、商標及創新模式專利
11.	設備公司	提供各種精密升級設備

項次	外部單位（外部人員）	問題解決
12.	民調、市調公司	對各種商品及消費者進行市場調查，以利行銷決策
13.	專業產業研究機構	提供產業、市場、技術報告之服務
14.	政府執行管制部門	提供審查、備查及核准營運之管制工作
15.	各產業公會、協會、協進會	反映同業意見、政策需求等相關事宜
16.	企管顧問公司	提供組織、策略、制度、銷售等領域之輔導
17.	人才庫公司	提供人才仲介服務
18.	人力訓練公司	提供企業內部教育訓練規劃、師資邀請等服務
19.	學術界（各大學）	提供學術性及企業性專業研究報告
20.	下游通路業者	提供通路商、商品變化與消費者變化之情報
21.	上游供應商	提供上游供應產品、價格、原物料、零組件及市場等之情報
22.	外部獨立董監事	提供對公司經營方針與決策之諮詢意見
23.	國外先進同業	提供國外技術、市場與經營情報訊息

8-5 如何處理戰略與戰術之間的問題

企業經常面對與解決的問題，會涉及到戰略面與戰術面的兩難。這兩者間的問題，大抵有三種原則處理之。

圖 8-6 戰略與戰術間之問題處理

戰略與戰術間之問題處理

1 有時候，必須以犧牲戰術，以贏得戰略的布局。（犧牲短利，獲取長利）

2 最好能取得兼顧戰略與戰術之平衡。（既爭一時，也爭千秋）

3 利用片段的戰術成功，累積成為戰略的突破。（即先戰術，後戰略）

企業經營過程，常見模糊及混沌的問題，例如：

一、新事業開發領域的市場前景

二、技術突破新產品的市場前景

三、創新營運模式的發展前景

四、競爭對手的超低價競爭殺傷力

五、製程新配方的效果

六、消費者對新口味的適應與喜愛度

七、技術應用的前景方向

八、市場尚未出現的任何商業活動等。

　　面臨這八種混沌的問題，企業究竟應如何處理及做決策呢？企業界老闆強調的仍是「冒險」一搏。如果發現不對，立即回頭或轉向。除非，投資額高達上百億元、上千億元，才會審酌再三。

　　否則，一般均會依下圖執行：

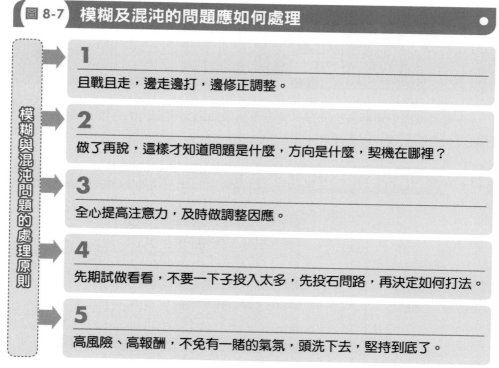

圖 8-7　模糊及混沌的問題應如何處理

模糊與混沌問題的處理原則

1
且戰且走，邊走邊打，邊修正調整。

2
做了再說，這樣才知道問題是什麼，方向是什麼，契機在哪裡？

3
全心提高注意力，及時做調整因應。

4
先期試做看看，不要一下子投入太多，先投石問路，再決定如何打法。

5
高風險、高報酬，不免有一賭的氣氛，頭洗下去，堅持到底了。

8-7 數據決策──成本與利益比較的數據原則

在很多狀況下，高階主管下決策前，必須要有「數據」做為支撐，最好是「多方案」的「數據比較」參考。因為，唯有數據放在前面才會有正確的決策可言。

實務上，經常做到「利益比較」原則，或是「成本效益比較」原則，換言之，每一個對策方案，必定會投入人力、財力與物力，同時也會獲得相對的產出及利益，此即成本效益比較原則。

此原則包括有二種狀況：第一，當產出或利益固定時，則尋求投入成本儘量最低為原則；第二，當投入成本固定時，則尋求效益的產出儘量最大為原則。

此外，還必須提出多元方案或腹案，例如：A案、B案、C案，以使高階主管能夠從不同的層次、構面、角度、觀點與時間點，分析方案的可行性與優劣性。

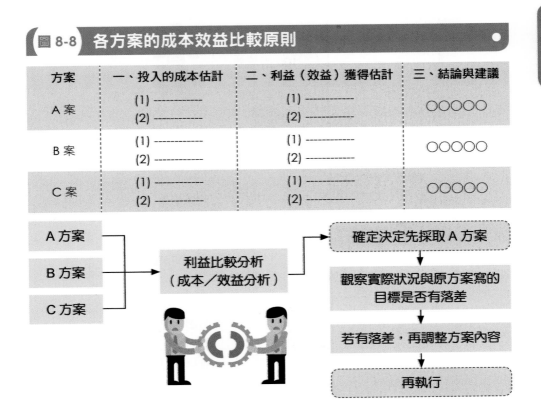

圖 8-8 各方案的成本效益比較原則

方案	一、投入的成本估計	二、利益（效益）獲得估計	三、結論與建議
A 案	(1) ---------- (2) ----------	(1) ---------- (2) ----------	○○○○○
B 案	(1) ---------- (2) ----------	(1) ---------- (2) ----------	○○○○○
C 案	(1) ---------- (2) ----------	(1) ---------- (2) ----------	○○○○○

A 方案 ／ B 方案 ／ C 方案 → 利益比較分析（成本／效益分析） → 確定決定先採取 A 方案 → 觀察實際狀況與原方案寫的目標是否有落差 → 若有落差，再調整方案內容 → 再執行

茲列舉決策案例，如下圖示：

一、決策過程

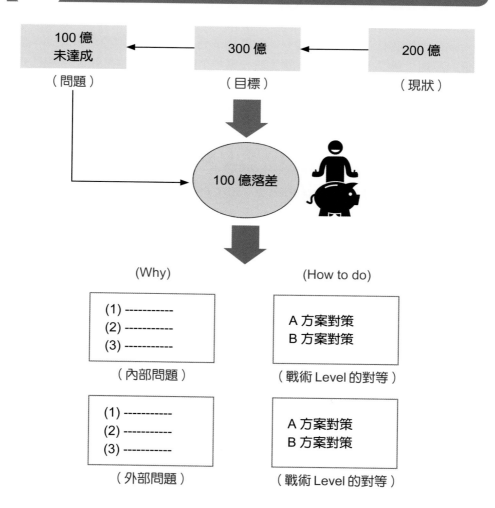

圖 8-9　各方案的成本效益比較原則

二、問題形成圖示架構

圖 8-10

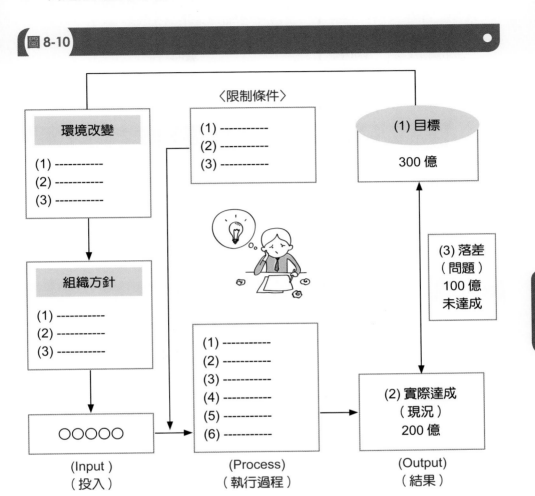

〈限制條件〉

環境改變
(1) ----------
(2) ----------
(3) ----------

(1) ----------
(2) ----------
(3) ----------

(1) 目標
300 億

組織方針
(1) ----------
(2) ----------
(3) ----------

(3) 落差
（問題）
100 億
未達成

(1) ----------
(2) ----------
(3) ----------
(4) ----------
(5) ----------
(6) ----------

(2) 實際達成
（現況）
200 億

○○○○○

(Input)
（投入）

(Process)
（執行過程）

(Output)
（結果）

Chapter 8

思考解決對策

205

8-9 問題解決──從投入、過程及條件限制三方面著手

從企業營運流程來看，確認問題及解決問題之道，可依下圖進行：

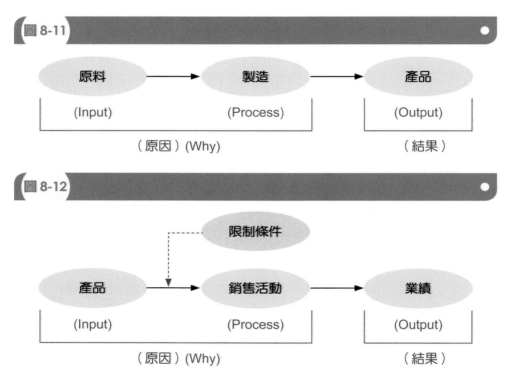

圖 8-11

原料	→	製造	→	產品
(Input)		(Process)		(Output)

（原因）(Why)　　　　　　　　　　　（結果）

圖 8-12

限制條件

產品	→	銷售活動	→	業績
(Input)		(Process)		(Output)

（原因）(Why)　　　　　　　　　　　（結果）

從上述結構來看，可以從三個地方著手，包括：

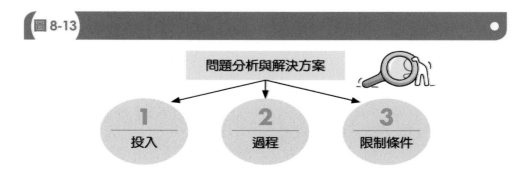

圖 8-13

問題分析與解決方案

1 投入　　　**2** 過程　　　**3** 限制條件

問題最簡單有力的定義，就是：

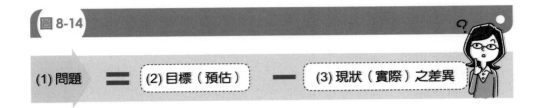

圖 8-14

(1) 問題　＝　(2) 目標（預估）　－　(3) 現狀（實際）之差異

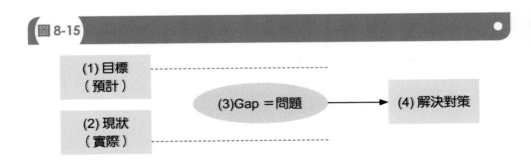

圖 8-15

(1) 目標（預計）

(2) 現狀（實際）

(3)Gap ＝問題　→　(4) 解決對策

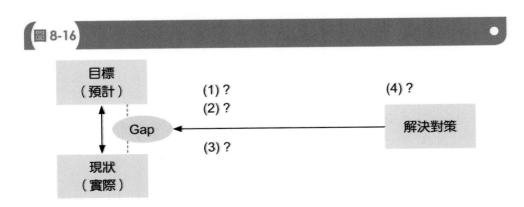

圖 8-16

目標（預計）

(1)？
(2)？

Gap　←　解決對策

(3)？

(4)？

現狀（實際）

207

如圖所示,有四大構面,我們必須了解:

1. **目標(預估)**

    目標是什麼?目標合理嗎?目標可行嗎?目標可達到嗎?目標是否太保守而缺乏挑戰性?目標是否大而不當?競爭對手的目標是什麼?

2. **現狀(實際)**

    現狀是什麼?什麼是這種現狀?與競爭者相比,我們現狀如何呢?贏在哪裡?輸在哪裡?

3. **落差 (Gap)**

    Gap(落差)是多少?為何有此未能達到的落差?背後真正原因與本質是什麼?是什麼造成此種原因與本質?層層追查,才能水落石出。

4. **對策**

    對策有哪些方向與方案呢?是否有效?是否可行?是否可再調整?是否能見樹又見林?是否經過成本與利益比較?週邊配合條件應如何?執行力如何?

8-11 增強自己對問題解決力的 14 項要點

作者過去的工作經驗，歸納出增強自己「問題解決力」的 14 項指導重要原則，如下圖示：

圖 8-17 增強自己對「問題解決力」14 項要點

增強「問題解決力」14 項要點

1. 多參加集團或公司內部各項會議，以了解各部門、各廠的狀況，不要成為狀況外人員。一定要了解歷史、掌握現在，才能策劃未來。

2. 應對自己的部門，本行的專業能力不斷提升水平，學習新技能、新觀念、新趨勢及新理論，讓自己的專業不斷進步。

3. 必要時，應借重外部的人脈關係及專業單位、專業人士的知識與經驗，以外力來協助解決問題。

4. 不斷累積自己的工作經驗，並留下書面紀錄，要回憶處事的經驗，隨時有效應用。

5. 多閱讀各種專業財經企管及技術的書報雜誌等，充實自己的常識及視野。

6. 時時刻刻熟練運用、詢問或執行6W (What, Why, Where, When, Who, Whom)、2H (How to do, How much) 及1E (Evaluate)，以處理事情

7. 必須親臨第一線、第一現場。雖然讀萬卷書，更要行萬里路，眼見為憑，將可提高問題解決能力。

8. 有空時，繼續進修EMBA學位，加強自己的理論內涵、分析架構及推論邏輯面。

9. 凡事應謀定而後動。不過，也不必顧慮太多，重要的還是執行力。執行後可隨時調整，不執行，永遠不知問題在哪裡及解決之道。

10. 向同業及異業學習他們的長處與優勢。他山之石，可以攻錯，學習不是模仿，而是要超越。

11. 爭取及利用集團資源，以強壯自己。如果事事自己來，時間會拖很久，錢會花更多，而且也不一定會成功。

12. 以逆向思考、打破傳統思維，甚至歸零思考，並且大膽假設及推理，才會有新的契機出現。請向昨天說再見吧。

13. 與同業、異業或上、中、下游產業鏈，進行策略聯盟，發揮資源1+1 ＞ 2之綜效，擴大問題解決力的範圍。

14. 永遠站在顧客導向的立場，從顧客觀點去思考及滿足他們不斷改變的需求。這是根本之道。

8-12 如何解決棘手的問題

實務上，我們經常遇到不少棘手的問題，不管是客戶的、研發的、策略上的、財務的、布局全球的、銷售的、製程的、專利權……等。

茲列出 8 種思考解決方式及管道，如下圖示：

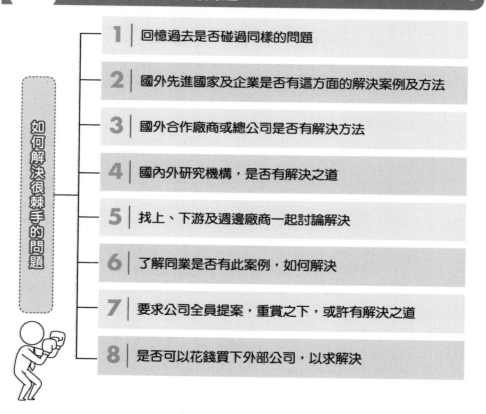

圖 8-18 如何解決很棘手的問題

如何解決很棘手的問題

1 | 回憶過去是否碰過同樣的問題

2 | 國外先進國家及企業是否有這方面的解決案例及方法

3 | 國外合作廠商或總公司是否有解決方法

4 | 國內外研究機構，是否有解決之道

5 | 找上、下游及週邊廠商一起討論解決

6 | 了解同業是否有此案例，如何解決

7 | 要求公司全員提案，重賞之下，或許有解決之道

8 | 是否可以花錢買下外部公司，以求解決

四種重要資源

如果從四種資源觀點來看待問題解決之道,就更為全方位。企業實務上最常使用的資源,大致有四類,如下圖:

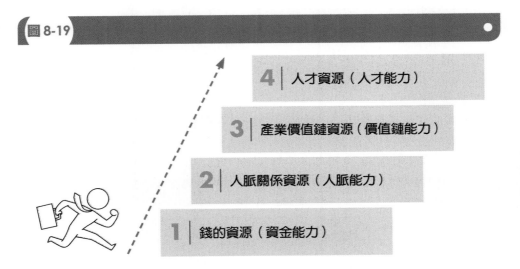

圖 8-19

4 | 人才資源(人才能力)

3 | 產業價值鏈資源(價值鏈能力)

2 | 人脈關係資源(人脈能力)

1 | 錢的資源(資金能力)

企業應加強累積並運用這四種資源,才會有能力解決日益困難的問題。

一、錢的資源(花錢解決問題)

花錢解決企業的問題,是第一種常見的解決方法,也是經常使用的。花錢,可以某種程度的買到下列各種解決方法及內容。

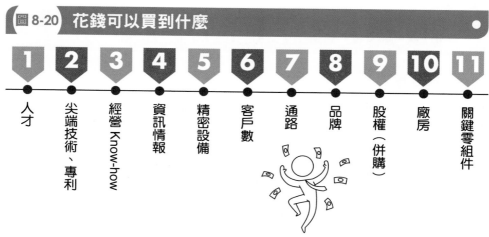

圖 8-20 **花錢可以買到什麼**

1 人才
2 尖端技術、專利
3 經營 Know-how
4 資訊情報
5 精密設備
6 客戶數
7 通路
8 品牌
9 股權（併購）
10 廠房
11 關鍵零組件

二、人脈關係資源

但有些問題不是錢可以解決的，因為錢不是唯一解決問題的答案所在。此時，要靠的是良好的人脈或人情關係。這些人脈關係如下圖所示：

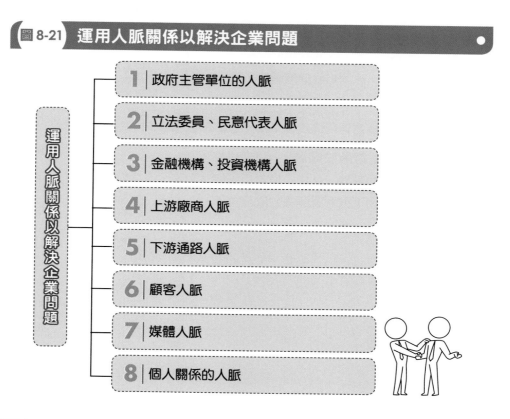

圖 8-21 **運用人脈關係以解決企業問題**

運用人脈關係以解決企業問題

1 政府主管單位的人脈
2 立法委員、民意代表人脈
3 金融機構、投資機構人脈
4 上游廠商人脈
5 下游通路人脈
6 顧客人脈
7 媒體人脈
8 個人關係的人脈

三、產業價值鏈資源

建立及利用產業上、中、下游週邊的利害相關與產業價值鏈關係，以尋求解決企業問題是相當實際的。同一價值鏈的成員，利益一體，禍福與共，結盟相助。

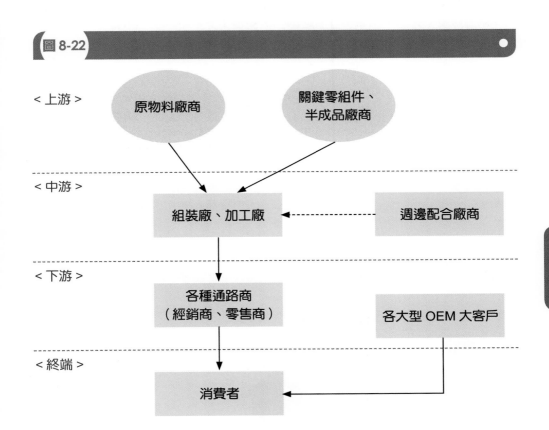

圖 8-22

四、人才資源

企業最重要的還是要有優秀的專業人才，這是最根本的條件。否則光向外求資源，自己內部卻不行，也是枉然。基本上，一個企業集團或大公司應具備各式各樣人才，至少 20 種以上：

圖 8-23 集團人才庫需求

1 研發與技術人才	2 策略規劃與經營企劃人才	3 銷售人才	4 財務人才
5 生產製造人才	6 採購人才	7 法務人才	8 資訊化人才
9 物流人才	10 行銷企劃人才	11 教育訓練人才及人力招募人才	12 客服中心人才
13 品管人才	14 品牌人才	15 廣告宣傳人才	16 公關人才
17 行政總務人才	18 會計人才	19 工程人才	20 經營分析人才

集團人才庫
需求

8-14 如何尋求法令與政策解禁

　　企業經營經常碰到法令限制或禁止，或是政府產業政策的限制，影響企業生機。有時，是政府過於保守陳舊、法令無法與世界接軌；有時，則是企業主動尋求集團事業發展，爭取修改法令與政策。

　　企業經常借助下列管道途徑，以尋求法令之突破，以解決企業發展問題。

圖 8-24　尋求法令突破之途徑

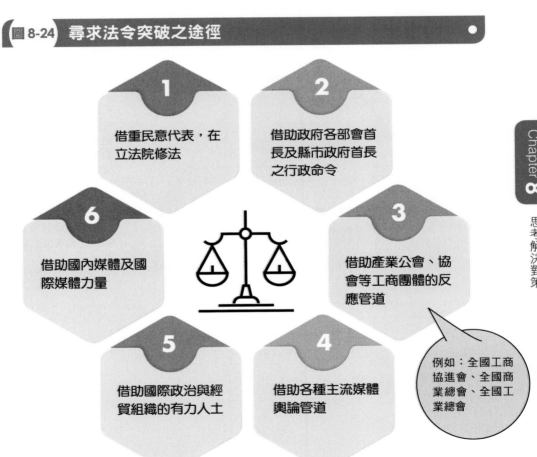

1 借重民意代表，在立法院修法

2 借助政府各部會首長及縣市政府首長之行政命令

3 借助產業公會、協會等工商團體的反應管道

4 借助各種主流媒體輿論管道

5 借助國際政治與經貿組織的有力人士

6 借助國內媒體及國際媒體力量

例如：全國工商協進會、全國商業總會、全國工業總會

Chapter 8

思考解決對策

215

　　概括來說，企業內部的經營改革，大致可以區分為三種層次，包括：一、戰略改革；二、業務改革；三、文化改革。如下圖示説明：

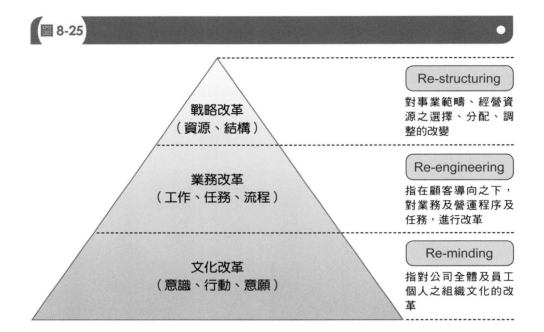

圖8-25

戰略改革
（資源、結構）

Re-structuring
對事業範疇、經營資源之選擇、分配、調整的改變

業務改革
（工作、任務、流程）

Re-engineering
指在顧客導向之下，對業務及營運程序及任務，進行改革

文化改革
（意識、行動、意願）

Re-minding
指對公司全體及員工個人之組織文化的改革

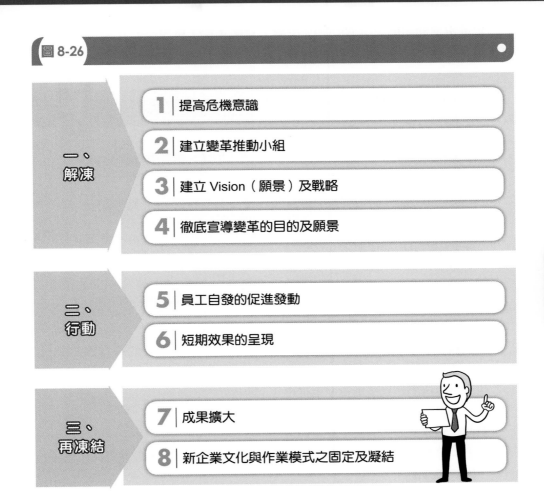

圖 8-26

一、解凍

1 | 提高危機意識

2 | 建立變革推動小組

3 | 建立 Vision（願景）及戰略

4 | 徹底宣導變革的目的及願景

二、行動

5 | 員工自發的促進發動

6 | 短期效果的呈現

三、再凍結

7 | 成果擴大

8 | 新企業文化與作業模式之固定及凝結

8-17　思考解決問題的 8 個要素

　　企業解決問題的 Approach（步驟）可簡化成下圖所示的 8 個要素，來加以考量及評估。

圖 8-27　問題解決思考 8 要素

1	問題 Problem	5	取捨、選擇或妥協 Trade-off
2	目的 Objective	6	風險容忍 Risk Tolerance
3	選擇方案 Alternative	7	不確定性 Uncertainty
4	結果 Consequence	8	關連影響 Linked Decisions

　　茲簡述問題解決思考八原則如下：

第一：對問題能正確的掌握。

第二：對目的能夠清晰化及明確化。

第三：靠想像力及創意提出多元觀點的選擇方案。

第四：預想可能的結果，會是何種狀況。

第五：尋找 Trade-off 的取捨選擇是什麼，當魚與熊掌不能兼得時，應犧牲什麼，應追求什麼。

第六：認識及訂出可接受的風險容許度。當風險超過多少，即不能忍受。

第七：對模糊不清與不確定的潛在可能性，應儘可能用數據預估出來。

第八：想到今日的決策對明日的影響為何？從時間軸及其關連面向，慎思考量，再下最後決策。

8-18 選擇對策方案應想到「競爭對手會怎麼做」

選擇某些對策方案時，必須站在競爭對手的立場，互做比較，這樣的選擇才會有競爭力可言。

換言之，選擇不是只對自己公司而選擇，而須放眼到競爭對手身上去做同樣的分析、評估及攻防戰。例如：很多的併購、投標、業務、技術、產品研發、產能擴大、海外佈點等，均會涉及到本公司與競爭對手的競爭力比較。如下圖所示：

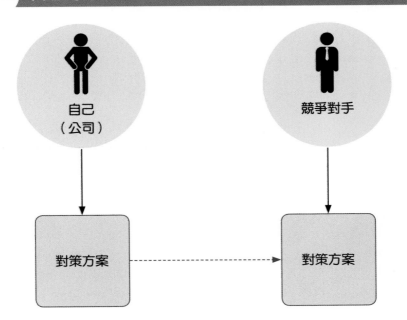

圖 8-28　自己的方案，是否會勝過競爭對手呢

就銷售面而言,問題的對策方案應該站在顧客的角度去分析及解決問題。
下圖即提供這樣的循環步驟:

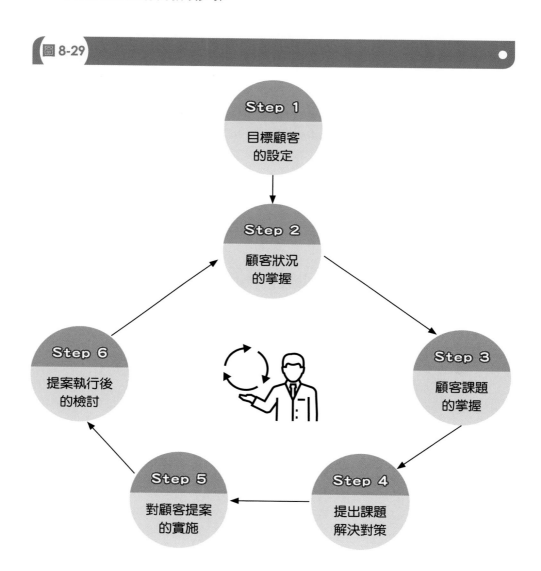

圖 8-29

Step 1
目標顧客
的設定

Step 2
顧客狀況
的掌握

Step 3
顧客課題
的掌握

Step 4
提出課題
解決對策

Step 5
對顧客提案
的實施

Step 6
提案執行後
的檢討

8-20 開會要如何學習才會進步

一、開會學習五大原則

很多上班族不會利用公司內部的各種會議，尋求自己的成長，實在很可惜，而且也浪費工作生涯。

許多步步高升為高級主管的優秀人才，都會利用開會的時間，認真傾聽、學習發問、勤做筆記，並且向老闆學習如何下決策。作者未進入大學任教職之前，在公司上班的歲月，也是採取上述的做法。茲圖示如下：

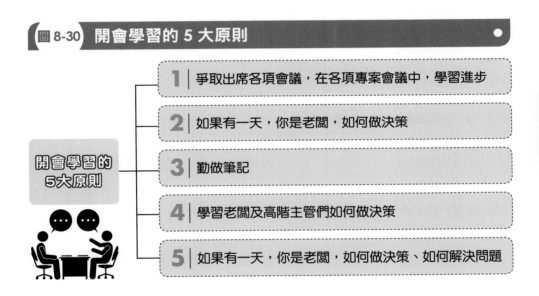

圖 8-30　開會學習的 5 大原則

開會學習的 5 大原則

1 爭取出席各項會議，在各項專案會議中，學習進步
2 如果有一天，你是老闆，如何做決策
3 勤做筆記
4 學習老闆及高階主管們如何做決策
5 如果有一天，你是老闆，如何做決策、如何解決問題

二、向誰學習？學習什麼？(Learn to Whom & Learn to What)

下面，要說明的是向誰學習，以及學習什麼。

圖 8-31

1 向「好的老闆」學習

(1)老闆如何詢問？
(2)經常問什麼問題？
(3)思考點何在？
(4)決策觀點何在？
(5)指出的正確觀念是什麼？
(6)經常指出下屬的錯誤在哪裡？
(7)老闆如何被下屬說服而改變政策？
(8)老闆為什麼知道這麼多？為何反應這麼快？
(9)老闆的熱情及企圖心為何如此旺盛？

2 向「好的董事會」學習

(1)董事成員的立場及觀點為何？
(2)董事成員的問題如何？
(3)董事成員的關心焦點何在？
(4)董事成員的互動如何？
(5)對公司經營的堅持為何？
　　與董事長的不同觀點何在？
(6)董事成員對管理團隊的要求準則何在？

3 向「好的高級主管」學習

(1)高級主管如何向老闆報告？報告什麼？
(2)如何回答老闆的詢問？
(3)如何撰寫報告內容？
(4)高級主管如何思考問題？如何解決問題？

4 學習「各部門」的專業知識

(1)熟記各部門報告的重點及內容
(2)從各種詢答中增加各領域專業常識
(3)留下及保存報告
(4)養成記錄重要數據與策略變化的習慣

5 向「外部公司及人員」學習新知

(1)會計師
(2)律師
(3)信託公司
(4)資產鑑價公司
(5)市調公司
(6)企管顧問公司
(7)人力訓練公司
(8)投資銀行
(9)證券公司
(10)投信投顧公司
(11)財務顧問公司
(12)技術研發公司
(13)系統公司
(14)上游廠商
(15)下游OEM大顧客
(16)學術機構
(17)產業研究機構
(18)行銷顧問公司
(19)廣告公司
(20)媒體代理商
(21)數位行銷公司
(22)公關公司
(23)展覽公司
(24)網紅經紀公司
(25)設計公司
(26)大型零售連鎖公司
(27)金控、銀行公司

經常有人問到，究竟個人「能力」(Capabilities) 應該如何培養，以及他來自那些結構成分。作者試著分析它的百分比結構，並且以不同階級加以區分，這樣比較符合實際狀況。如下圖示：

一、三種能力來源的結構成分

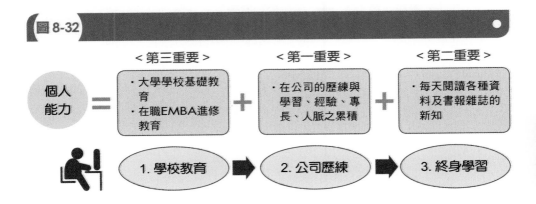

圖 8-32

<第三重要>	<第一重要>	<第二重要>

個人能力 = ・大學學校基礎教育 ・在職EMBA進修教育 + ・在公司的歷練與學習、經驗、專長、人脈之累積 + ・每天閱讀各種資料及書報雜誌的新知

1. 學校教育 ➡ 2. 公司歷練 ➡ 3. 終身學習

二、各種階段主管的能力來源結構成分百分比

1. 基層人員與基層主管（年齡 23~30 歲）

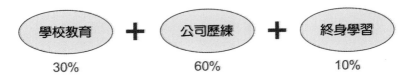

學校教育　➕　公司歷練　➕　終身學習

30%　　　　　　60%　　　　　　10%

2. 中階主管（30~40 歲左右）（經理、協理）

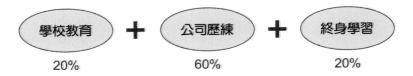

學校教育　➕　公司歷練　➕　終身學習

20%　　　　　　60%　　　　　　20%

3. 高階主管（40 ～ 65 歲左右）（副總經理、 總經理、顧問）

4. 經營者（50 歲～ 80 歲左右）（公司董事長、集團總裁、創辦人）

Chapter 9

決策理論與實務
(Decision-Making)

9-1　決策的程序

決策是高階主管及各級經理人很重要的工作，也是管理的最後一環。決策最中心的意義，自然是「取捨與選擇」。但就一個完整的程序而言，決策應包括以下各點：

一、問題發現階段

此問題係關於經營管理的「效率」與「效果」，未達理想目標的部分。

二、方案發展階段

為了解決上述問題，決策主管必須請業務單位及幕僚單位研訂幾個解決問題的方案。

三、選擇決策方案

第三階段就是如何選定最適切的方案，以利執行。

9-2　決策模式的類別

決策程度模式可以區分為二種型態：

一、直覺性與經驗性決策 (Instinctive Decision)

此種決策係基於決策者靠「過去的豐富經驗與歷練」以擇定方案。這種決策在很多董事長、創辦人及老闆心中，仍然是存在的。

二、理性的決策 (Rational Decision)

此種決策係基於決策者靠「系統性分析」、「目標分析」與「優劣比較分析」、「SWOT 分析」、「產業五力架構分析」及「市場分析」等而選定最後決策。這種決策模式最常用於決策分析。此種決策，常見於專業經理人的決策模式，此模式與上述直覺性老闆決策模式，顯然不同。

決策是一個決策者在一個決策環境中所做之選擇，以下將概述此六個決策因素，亦可稱之為決策分析的六個構面：

一、策略規劃者或各部門經理人員的經驗與態度

經理人員過去發展成功或失敗的經驗，經常是首要的影響因素。而對環境變化的看法與態度也會影響決策之選擇，有些經理人員目光短淺只重近利，與眼光宏遠、重視短長期利潤協調之經理人員，自有很大不同。因此，成功的策略規劃人員及專業經理人，應該都受過策略規劃課程的訓練為佳。

二、企業歷史的長短

若企業營運歷史長久，經理人員也是識途老馬時，對於決策選擇之掌握，會做得比無經驗或較新企業為佳。

三、企業規模與力量

如果企業規模與力量相形強大，則對環境變化之掌握控制力會比較得心應手，亦即對外界的依賴性會較小。因此，大企業的各種資源及力量也比較厚實，包括人才、品牌、財力、設備、R&D 技術、通路據點等資源項目。因此，其決策的正確性、多元性及可執行性也就較佳。

四、科技變化的程度

第四個構面是所處的科技環境相對的穩定程度，包括環境變動之頻率、幅度、與不可預知性等。當科技環境變動多、幅度大，且常不可預知時，則經理人員投注的心力與財力就應較大，否則不能做出正確之決策。

五、地理範圍是地方性、全國性或全球性

決策構面的地域複雜性也不同，例如小區域之企業，決策就較單純；大區域之企業，決策就較複雜。全球化企業的決策，其眼光與視野就必須更高更遠。

六、業務的複雜性

企業的產品線與市場愈複雜，決策過程相對較難拍板定案，因為要顧慮更多的連動變化。若只賣單一產品，其決策就較容易做。

9-4 管理決策的考慮點 (Consideration in Managerial Decision Making)

一個有效的管理決策，應該考慮到以下幾項變項之影響：

一、決策者的價值觀 (Value of the Decision Maker)

一項決策的品質、速度、方向之發展，跟決策者的價值觀有密切關係，特別是在一個集權式領導型的企業中。例如董事長式決策或總經理式決策模式，或是董事會決策模式，或是高階主管團隊一致決議的決策模式。

二、決策環境 (The Decision Environment)

決策環境之區分包括：
1. 確定情況如何 (Certainty Condition)
2. 風險機率如何 (Risk Probability)
3. 不確定情況如何 (Uncertainty Condition)

三、資訊不足與時效的限制 (Information Constraint)

有時候，決策有時間上之壓力，必須立即做決策，若資訊不足時會存在風險。此外，另一種狀況是此種資訊情報相當稀少，也存在風險。這在企業界也是常見的。因此，須仰賴有豐富經驗的高階主管或是老闆的判斷。

四、人性行為的限制 (Behavioral Constraint)

決策者之個人行為、個性、利害及理性與感性之狀況及發展，亦會形成若干決策的限制，包括：
1. 負面的態度 (Negative Attitude)
2. 個別的偏差 (Personal Biases)
3. 知覺的障礙 (Perceptual Barrier)

五、負面的結果產生 (Negative Consequence)

做決策時，必須考量到是否會產生不利的負面結果，以及是否能夠承受。

六、對其他部門之影響關係 (Inter-relationship)

某部門所做之決策，可能會不利於其他部門，此應一併顧及。

9-5 群體決策 (Group Decision Making)

　　所謂群體決策，即由兩個人以上研商後所做之共同決策，例如跨部門小組會議決策。群體決策與個人決策之優缺點，概述如下：

一、優點

1. 決策過程方面
   (1) 獲得不同成員之專業知識與經驗。
   (2) 提出的方案較多、亦較周全。
   (3) 有豐富的資料分析可供決策之用。
2. 決策執行方面
   (1) 群體達成之決策，較容易受到成員接受。
   (2) 執行時，協調、溝通與要求較容易。
   (3) 成員較有全力以赴之心態。

二、缺點

1. 成員各有各的看法與意見，若各方不做讓步，最後的決策常是七折八扣，偏向保守與不夠創新性，不是最佳之決策。
2. 有時群體決策只有名稱形式，實質上的決策仍為少數人所掌握，此與個人決策又無不同。
3. 群體決策有時會流於各自利益的瓜分，對實質問題仍然沒有解決，反而埋下未來之問題。

9-6　有效決策之指南

要讓決策有實質效果，應該掌握以下幾點：

一、根據事實 (Base on Reality)

有效的決策必須根據事實的數字資料與實際發生情況，切不可道聽塗說，或採用錯誤的情報流言。因此，決策的市調、民調及資料完整是很重要的。

二、敞開心胸分析問題

在分析的過程中，決策人員必須將心胸敞開，不能局限於個人的價值觀、理念與私利，如此才能尋求客觀性與可觀性。另外，也不能報喜不報憂，或是過於輕敵與自信。

三、不要過分強調決策的終點

這一次的決策並非問題之終結點，未來接續相關的決策還會出現，而且即以本次決策來看，也未必一試就成功，必要時，仍應要彈性修正，以符實際。實務上經常如此，邊做邊修改，沒有一個決策是十全十美或解決所有問題的，決策是有累積性。決策也是「滾動性」或是「移動性」與「彈性的」。

四、檢查你的假設

很多決策的基礎是根源於已定的假設或預測；然而，當假設和預測與原先構想大相逕庭時，這項決策必屬錯誤，因此，事前必須切實檢查各項假設。檢查的要求是追根究底、實事求是、絕不馬虎、絕不鄉愿、絕不一言堂。

五、做決策時機要適當

決策人員也跟一般人一樣，也有不同的情緒起伏，為了不影響決策之正確走向，決策人員應該在心緒最「平和」、「穩定」，以及頭腦清楚的時間才做決策。尤其是決策者應避免在下列狀況發生時做出決策：

1. 自己情緒不佳，發脾氣時。
2. 自己體力不濟，精神不夠集中。
3. 對問題與解決對策，認為還不是很理想或仍覺有問題時。
4. 部屬共識未一致時。

9-7　成功企業的決策制定分析

　　成功企業必定會有一個高品質的決策制定機制，與決策制定的工作成員。對企業而言，最重要的事情，就是做決策、修正決策。成功企業或決策者的決策制度之關鍵概念如下：

一、思考力 (Thinking Power)

　　思考是決策制度的深層內涵，它雖看不到，但卻很重要。我們日常的行動過程或是對問題的決策過程，大致如下圖：

圖 9-1　一般的決策行動過程

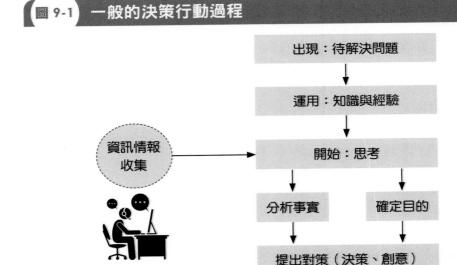

　　思考能力是三種東西的組合力量，即：思考能力＝累積知識能力＋累積經驗能力＋資訊情報收集能力。

下圖比較思考過程與商品製造過程的差異：

二、高度注意資訊情報的變化與收集

成功的企業者或企劃高手，共通的特性之一就是對各方資訊情報的變化相當敏感，且能隨時反應想法。那麼，究竟要注意哪些資訊情報的變化呢？包括：

1. 經常觀察四周，注意「環境的變化」。
2. 注意強勁或潛在「競爭對手」的動向，因為這些競爭對手，可能對未來產生極大的影響。
3. 同時注意自己公司的資訊情報，包括已養成的人才、能力、技術、資金、Know-how、品牌等重要資源。

茲圖示如下圖：

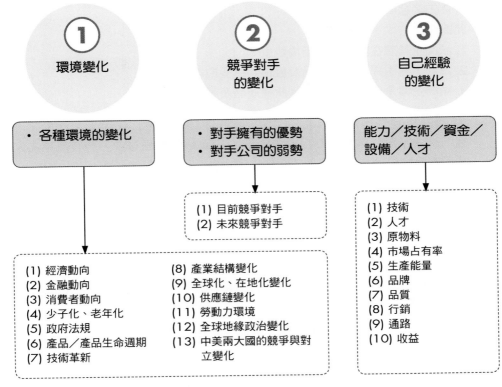

圖 9-3　收集三大領域的變化情報

①
環境變化

②
競爭對手
的變化

③
自己經驗
的變化

- 各種環境的變化

- 對手擁有的優勢
- 對手公司的弱勢

能力／技術／資金／
設備／人才

(1) 目前競爭對手
(2) 未來競爭對手

(1) 技術
(2) 人才
(3) 原物料
(4) 市場占有率
(5) 生產能量
(6) 品牌
(7) 品質
(8) 行銷
(9) 通路
(10) 收益

(1) 經濟動向
(2) 金融動向
(3) 消費者動向
(4) 少子化、老年化
(5) 政府法規
(6) 產品／產品生命週期
(7) 技術革新
(8) 產業結構變化
(9) 全球化、在地化變化
(10) 供應鏈變化
(11) 勞動力環境
(12) 全球地緣政治變化
(13) 中美兩大國的競爭與對立變化

三、冷靜審視自我，並追求優勢

企業負責人及高階管理團隊，必須定下心來，定期冷靜審視自我，這種自省功夫確實不易，但卻很重要。究竟冷靜審視自我什麼項目呢？包括：

1. 過去成功的事
2. 過去失敗的事
3. 現在能做好的事
4. 現在不能做好的事
5. 未來不能做好的事

然後，我們還要進一步探討企業「追求優勢」，特別是目前的優勢何在？往後的優勢又會存在哪些？新增哪些及流失哪些？

四、分析三種戰略引擎力

當企業在某個產業領域進行爭奪戰略，通常必須分析三種戰略引擎力，即：

1. 市場
2. 商品／服務
3. 能力／核心能耐

此即：

1. 請問企業想在哪個目標市場競爭？
2. 請問企業想提供哪些產品及服務到這個市場？
3. 請問企業是否有此能耐提供此種產品及服務？

五、探索分析各種可能性

接下來企業應就市場、商品及核心能力三大類條件領域中，列表陳述各條件，我們將會如何做？應如何做？做到什麼程度？

六、決策構型

最後，要簡單形成一個決策構型的說明圖表，從此可以快速的，且一目了然的知道策略決策構型，如下圖：

圖 9-4　決策構型圖表

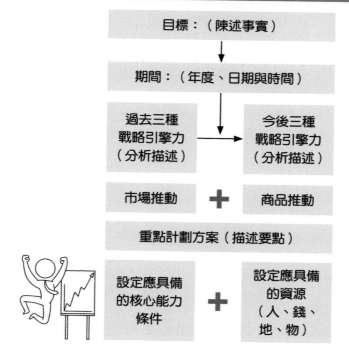

七、絕不逃避事實——實事求是

　　企業經營者及企劃高手，應該要對重大事件與問題，徹底追根究底。在整個實事求是的企劃過程中，企劃人員應該力行四句話，即：

1 發生問題，必有原因。

2 決定事情，應有方案。

3 要做事情，定有風險。

4 欲知事實，深入調查。

　　很多成功傑出的經營者，經常問：「看見了什麼事實？」就是最佳寫照。如何實事求是？

1 有問題→必有原因→查明原因

2 決定事情→先有方案→選擇方案

3 要做事情→定有風險→分析未來

4 欲知事實→必經調查→才能掌握狀況

八、決策選擇的不同考量觀點

　　最高經營者或決策者要對公司重大決策做選擇時，經常要面對不同觀點的考量，包括：

1. 是長期或是短期觀點？
2. 是有形效益或是無形效益觀點？
3. 是戰略或是戰術觀點？
4. 是巨觀的或是微觀觀點？
5. 是以一事業部或是以整個公司的觀點？
6. 是迫切或是可以緩慢些觀點？
7. 是短痛或是長痛觀點？
8. 是集中或是分散觀點？

在實務上，面對不同現象的考量時，如何取得「平衡」觀點，兩者兼顧，以及「捨小取大」應是思考的主軸。

九、創造性解決問題流程圖（CPSI 法）

CPSI 是 Creative Problem Solving Institute（創造性解決問題機構）的簡稱。此方法是從「發現問題」到「解決問題」有系統的思考過程，以做好創造性解決問題的階段。

如下點所示，CPSI 將解決問題的步驟大致區分為五個階段，在各個步驟中，依照需要使用腦力激盪法，形態分析等。

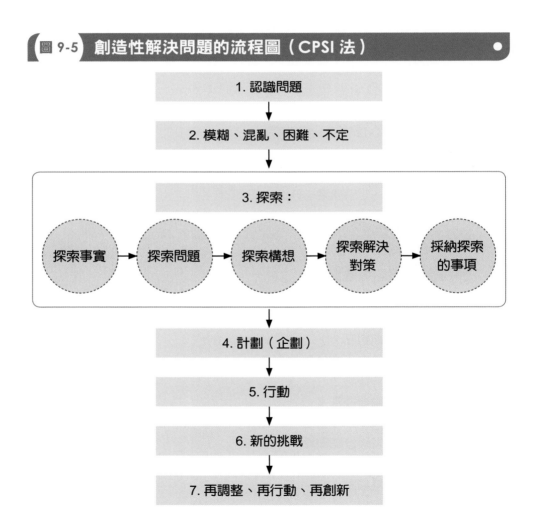

圖 9-5 創造性解決問題的流程圖（CPSI 法）

1. 認識問題

2. 模糊、混亂、困難、不定

3. 探索：

探索事實 → 探索問題 → 探索構想 → 探索解決對策 → 採納探索的事項

4. 計劃（企劃）

5. 行動

6. 新的挑戰

7. 再調整、再行動、再創新

9-8 各級幹部如何增強自己決策能力

　　做為一個企業家、一個老闆、一名高階主管、一名企劃主管、甚至是一個企劃人員，最重要能力是展現在他的「決策能力」或「判斷能力」。這是企業經營與管理的最後一道防線。究竟要如何增強自己的決策能力或判斷能力？國內外領導幾萬名、幾十萬名員工的大企業領導人，他們之所以卓越成功，他們之所以擊敗競爭對手，取得市場領先地位，不是沒有原因的。最重要的原因是：他們有很正確與很強的決策能力與判斷能力。

　　依據作者的觀察及工作與教學經驗，歸納下列十一項有效增強各級幹部自己決策能力的要點或做法，提供各位讀者參考。

一、多看書、多吸取新知與資訊（包括同業與異業）

　　多看書、多吸取新知與資訊，包括同業與異業的資訊，是培養決策能力的第一個基本功夫。統一超商前總經理徐重仁曾要求該公司主管，不管每天如何忙，都應靜下心來，讀半個小時的書，然後想想看，如何將書上的東西用到自己的公司、用到自己的工作單位。

　　依作者的經驗與觀察，吸取新知與資訊大概可有幾種管道：
1. 專業財經報紙（國內外）。
2. 專業財經雜誌（國內外）。
3. 專業研究機構的出版報告。
4. 專業網站（國內外）。
5. 專業財經商業書籍（國內外）。
6. 國際級公司年報及企業網站。
7. 跟國際級公司領導人（企業家）訪談、對談。
8. 跟有學問的學者專家訪談、對談。
9. 跟公司外部獨立董事訪談、對談。
10. 跟優秀異業企業家訪談、對談。

以作者為例，長期以來，每個月都會透過下列管道吸取新知與資訊：

・ 報紙：《經濟日報》、《工商時報》、《聯合報・財經版》。
・ 雜誌：《商業周刊》、《天下》、《遠見》、《今周刊》、《會計月刊》、《數位時代》、《動腦雜誌》、《經理人月刊》。

- 日文雜誌:《日經商業週刊》、《鑽石商業週刊》、《東洋商業週刊》、《日本資訊戰略月刊》、《日本銷售業務月刊》。
- 中文商業書籍:每月至少一本。
- 網站:國內外專業網站、相關公司網站、證期會、上市櫃公司網站等。

值得一提的是,吸收國內外新知與資訊時,除了同業訊息一定要看,非同業(異業)的訊息也必須一併納入。因為非同業的國際級好公司,也會有很好的想法、做法、戰略、模式、計劃、方向、願景、政策、理念、原則、企業文化及專長等值得借鏡學習與啟發。

二、掌握公司內部會議自我學習的大好機會

大公司經常舉行各種專案會議、跨部門主管會議或跨公司高階經營會議等,這些都是非常難得的學習機會。從這裡可以學到什麼東西呢?

第一,學到各個部門的專業知識及常識。包括財務、會計、稅務、營業(銷售)、生產、採購、研發設計、行銷企劃、法務、品管、商品、物流、人力資源、行政管理、資訊、稽核、公共事務、廣告宣傳、公益活動、店頭營運、經營分析、策略規劃、投資、融資……等各種專業功能知識。

第二,學到高階主管如何做報告及如何回答老闆的詢問。

第三,學到卓越優秀老闆如何問問題、如何裁示、如何做決策,以及他的思考點及分析構面。另外,老闆多年累積的經驗能量也是值得傾聽。老闆有時也會主動提出很多想法、策略與點子,也是值得吸收學習的。

三、應向世界級的卓越公司借鏡

世界級成功且卓越的公司一定有可取之處,臺灣市場規模小,不易有跨國級與世界級公司出現。因此,這些世界級 (World Class) 大公司的發展策略、人才培育、經營模式、競爭優勢、決策思維、企業文化、營運作法、獲利模式、組織發展、研發方向、技術專利、全球運籌、世界市場行銷、國際資金……等,在在都有精闢與可行之處,值得我們學習與模仿。借鏡學習的方式,可有幾種:

1. 展開參訪實地見習之旅,讀萬卷書,不如行萬里路,眼見為實。
2. 透過書面資料搜集、分析與引用。
3. 展開雙方策略聯盟合作,包括人員、業務、技術、生產、管理、情報等多元互惠合作,必要時要付些學費。

四、提升學歷水準與理論精進

現代上班族的學歷水準不斷提升,大學畢業生滿街都是,進修碩士成為晉升

主管職的「基礎門檻」，進修博士亦對晉升為總經理具有「加分效果」。這當然不是說，學歷高就是做事能力高或人緣好，而是說，如果兩個人具有同樣能力及經驗時，老闆可能會拔擢較高學歷的人或是名校畢業者擔任主管。

另外，如果您是 40 歲的高級主管，但您 30 多歲部屬的學歷都比您高時，您自己也會感受些許壓力。

提升學歷水準，除了帶給自己自信心，在研究所所受的訓練、理論架構的井然有序、專業理論名詞的認識、整體的分析能力、審慎的決策思維等，以及邏輯推演與客觀精神建立等，對每天涉入快速、忙碌、緊湊的營運活動與片段的日常作業中，恰好是一個相對比的訓練優勢。唯有實務結合理論，才能相得益彰，文武合一（文是學術理論精進，武是實戰實務）。這應是最好的決策本質所在。

五、應掌握主要競爭對手動態與主力顧客需求情報

俗謂「沒有真實情報，就難有正確決策」。因此，儘量週全與真實的情報，將是正確與及時決策的根本。要達成這樣的目標，企業內部必須要有專責單位，專人負責此事，才能把情報搜集完備。

好比是政府也有國安局、調查局、軍情局、外交部等單位，分別搜集國際、大陸及國內的相關國家安全資訊情報，這是一樣的道理。

六、累積豐厚的人脈存摺

豐厚人脈存摺對決策形成、決策分析評估及做出決策，有顯著影響。尤其，在極高層才能拍板的狀況下，唯有良好的高層人脈關係，才能達成目標，這並不是年輕員工所能做到的。此時，老闆就能發揮必要的功能與臨門一腳的效益。

對一般主管而言，豐富的人脈自然要建立在同業或異業的一般主管。人脈存摺不必然是每天都會用到的，但需要用時，就能顯現它的重要性。

七、親臨第一線現場，腳到、眼到、手到及心到

各級主管或企劃主管，除了坐在辦公室思考、規劃、安排並指導下屬員工，也要經常親臨第一線。例如：想確知週年慶促銷活動效果，應到店面走走看看，感到當初訂定的促銷計劃是否有效，以及什麼問題沒有設想到，都可以做為下次改善的依據。

另外，親臨第一線現場，主管做決策時，也不至於被下屬矇蔽。所謂親臨第一線現場，可以包括幾個現場：

1. 直營店、加盟店門市
2. 大賣場、超市

3. 百貨公司賣場

4. 電話行銷中心或客服中心

5. 生產工廠

6. 物流中心

7. 民調、市調焦點團體座談會場

8. 法人說明會

9. 各種記者會

10. 戶外活動

11. 顧客所在現場

八、善用資訊工具，提升決策效能

IT 軟硬體工具飛躍進步，過去需依賴大量人力作業，又費時費錢的資訊處理，現在已得到改善。另外，由於顧客或會員人數不斷擴大，高達數十萬、上百萬筆等客戶資料或交易銷售資料，要仰賴 IT 工具協助分析。

目前各種 ERP、CRM、SCM、POS、AI 都是提高決策分析的好工具。

九、思維要站在戰略高點與前瞻視野

年輕的幹部主管人員，比較不會站在公司整體戰略思維高點及前瞻視野來看待與策劃事務，這是因為經驗不足、工作職位不高，以及知識不夠寬廣。這方面必須靠時間歷練，以及個人心志與內涵的成熟度，才可以提升自己從戰術位置，躍到戰略位置。

十、累積經驗能量，成為直覺式判斷力或直觀能力

日本第一大便利商店，7-Eleven 公司前董事長鈴木敏文曾說過，最頂峰的決策能力，必須變成一種直覺式的「直觀能力」，依據經驗、科學數據、與個人累積的學問及智慧，就會形成一種直觀能力，具有勇氣及膽識下決策。

十一、有目標、有計劃、有紀律的終身學習

人生要成功、公司要成功、個人要成功，總結而言，就是要做到「有目標、有計劃、有紀律」的終身學習。

終身學習不應只是口號、不應是片段、不應只是臨時的，不應只是應付公司要求，不應只是零散的；而是確立願景目標，訂定合理有序的計劃，要信守承諾，以耐心及毅力進行終身學習。這樣的學習才會成功。

圖 9-6 幹部主管人員增強決策能力與判斷能力的 11 項要點

幹部主管增強決策能力與判斷能力的 11 項要點

1 | 多看書、多吸取新知與資訊（包括同業與異業）

2 | 應掌握公司內部各種會議的學習機會

3 | 應向世界級卓越公司借鏡

4 | 提升學歷水準與理論的精實

5 | 應掌握主要競爭對手與主力顧客的動態情報

6 | 累積豐厚的人脈存摺

7 | 親臨第一現場，腳到、眼到、手到、心到

8 | 善用資訊工具

9 | 思維要站在戰略高點與前瞻視野

10 | 累積經驗能量，成為直覺式判斷力或直觀能力

11 | 有目標、有計劃、有紀律的終身學習

Chapter 10

常用的分析架構與分析類型

　　本章將介紹幾個常用到的分析理論與分析架構，這方面的知識對如何做，比較有系統、周延性、及全方位的分析能力與觸類旁通，自然會帶來一些助益。

　　3C 的分析架構是很基礎性的內容，如下圖示：

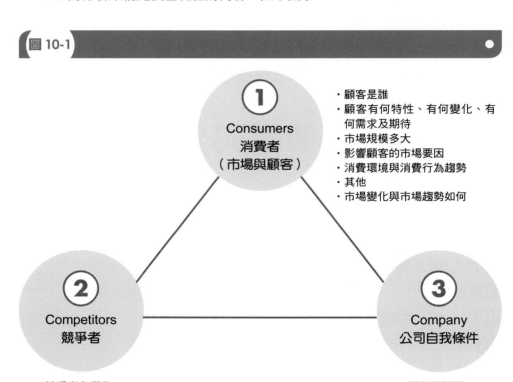

圖 10-1

① Consumers
消費者
（市場與顧客）

・顧客是誰
・顧客有何特性、有何變化、有何需求及期待
・市場規模多大
・影響顧客的市場要因
・消費環境與消費行為趨勢
・其他
・市場變化與市場趨勢如何

② Competitors
競爭者

・競爭者有哪些
・市場占有率變化
・優勢與弱點
・成本結構
・產銷規模
・競爭策略
・競爭對手的營收與獲利
・競爭對手的廣告投放金額
・競爭對手的新產品開發及上市
・競爭對手的價格變化

③ Company
公司自我條件

・優勢與弱點
・市場占有率
・營收與獲利
・成本結構
・績效指標
・企業文化
・組織與人才
・核心競爭力

7S 的分析架構內容，如下圖示：

圖 10-2

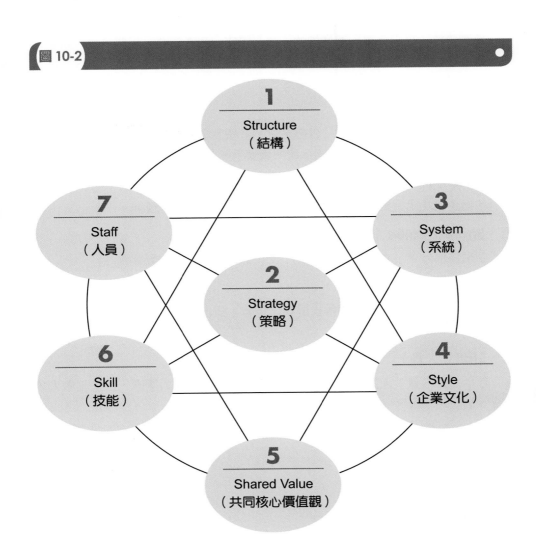

一、Structure（結構）

　　組織結構、事業結構、人力結構、產品結構、市場結構、資金結構、技術結構、成本結構、營收結構、生產結構、獲利結構……等。

二、Strategy（策略）

　　集團策略、公司策略、事業策略、資金策略、生產策略、採購策略、研發策略、銷售策略、客服策略、物流策略、品牌策略、廣告策略、公關策略、通路策略、產品策略、併購策略、促銷策略等。

三、System（系統）

　　包括生產系統、技術系統、研發系統、考核及考績系統、員工晉升系統、資訊情報系統、KPI 指標系統、溝通系統、會議系統等。

四、Style（企業文化）

　　包括企業文化、組織文化、組織氣候、領導風格與工作精神。

五、Shared Value（共同核心價值觀）

　　包括價值分享、企業中長期願景、發展目標及共同核心價值觀。

六、Skill（技能）

　　包括研發、產銷、物流及售後服務之技藝、技能，以及一般組織管理與領導能力。

七、Staff（人員）

　　包括人力數量、人力素質、人力專長、人力分工、人力團隊，以及相關人才的選、訓、用、留。

10-3 行銷 4P 的分析架構

有關行銷 4P 的架構如下圖示：

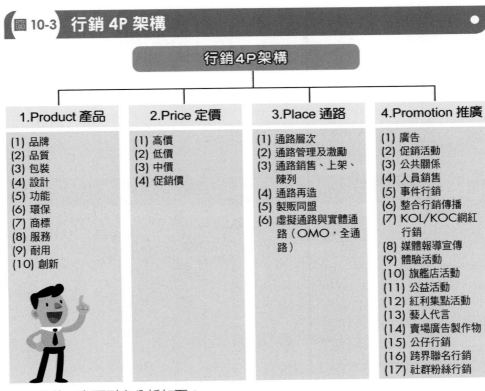

圖 10-3 行銷 4P 架構

行銷 4P 架構

1.Product 產品
(1) 品牌
(2) 品質
(3) 包裝
(4) 設計
(5) 功能
(6) 環保
(7) 商標
(8) 服務
(9) 耐用
(10) 創新

2.Price 定價
(1) 高價
(2) 低價
(3) 中價
(4) 促銷價

3.Place 通路
(1) 通路層次
(2) 通路管理及激勵
(3) 通路銷售、上架、陳列
(4) 通路再造
(5) 製販同盟
(6) 虛擬通路與實體通路（OMO，全通路）

4.Promotion 推廣
(1) 廣告
(2) 促銷活動
(3) 公共關係
(4) 人員銷售
(5) 事件行銷
(6) 整合行銷傳播
(7) KOL/KOC網紅行銷
(8) 媒體報導宣傳
(9) 體驗活動
(10) 旗艦店活動
(11) 公益活動
(12) 紅利集點活動
(13) 藝人代言
(14) 賣場廣告製作物
(15) 公仔行銷
(16) 跨界聯名行銷
(17) 社群粉絲行銷

此外，亦可列表分析如下：

表 10-1

	現狀分析	未來強化重點
（一）Product	1. ――――――――― 2. ―――――――――	1. ――――――――― 2. ―――――――――
（二）Price	1. ――――――――― 2. ―――――――――	1. ――――――――― 2. ―――――――――
（三）Place	1. ――――――――― 2. ―――――――――	1. ――――――――― 2. ―――――――――
（四）Promotion	1. ――――――――― 2. ―――――――――	1. ――――――――― 2. ―――――――――

10-4 從外而內的五種層次分析

　　一個完整的問題分析報告，必須從五種層次進行分析，才算是見樹又見林，也才能深入看清楚整個事件與主題的來龍去脈，或稱此為一個完整的「脈絡」(Context)。這五種完整的層次，如下圖所示：

　　一、對國內外整體環境變化的分析（計有 13 項要素）
　　二、對國內外產業環境變化的分析（計有 12 項要素）
　　三、對國內外市場變化的分析（計有 11 項要素）
　　四、對競爭者變化的分析（計有 29 項要素）
　　五、對自我變化的分析（計有 29 項要素）

圖 10-4

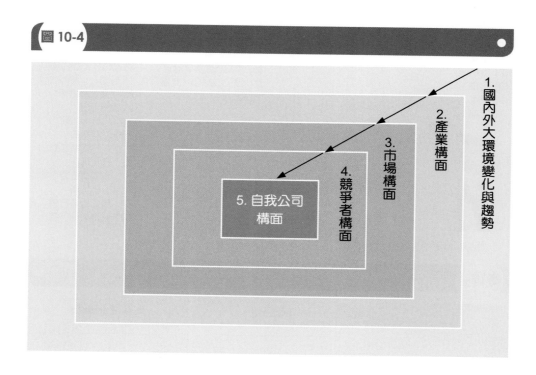

1. 國內外大環境變化與趨勢
2. 產業構面
3. 市場構面
4. 競爭者構面
5. 自我公司構面

一、國內外環境分析 13 項要素

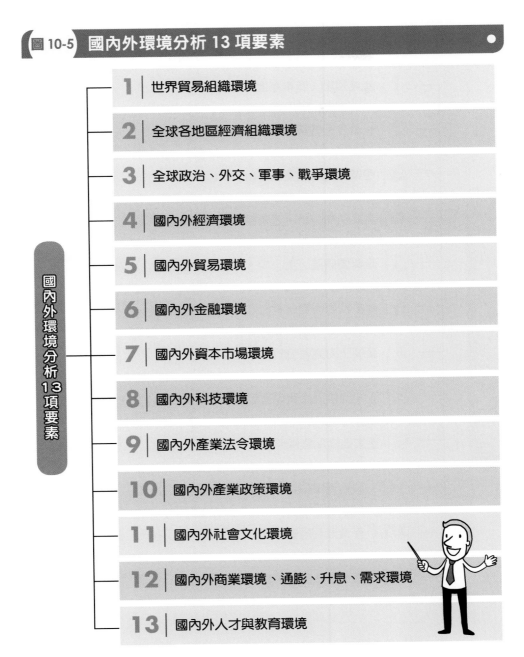

圖 10-5　國內外環境分析 13 項要素

國內外環境分析 13 項要素

1 ｜ 世界貿易組織環境

2 ｜ 全球各地區經濟組織環境

3 ｜ 全球政治、外交、軍事、戰爭環境

4 ｜ 國內外經濟環境

5 ｜ 國內外貿易環境

6 ｜ 國內外金融環境

7 ｜ 國內外資本市場環境

8 ｜ 國內外科技環境

9 ｜ 國內外產業法令環境

10 ｜ 國內外產業政策環境

11 ｜ 國內外社會文化環境

12 ｜ 國內外商業環境、通膨、升息、需求環境

13 ｜ 國內外人才與教育環境

二、國內外產業環境變化分析的 12 項要素

圖 10-6 國內外產業環境變化分析 12 項要素

國內外產業環境變化分析 12 項要素

1 產業規模（產業產值）分析

2 產業生命週期分析

3 產業關鍵成功要素分析

4 產業供需分析、產業鏈、供應鏈分析

5 產業價值鏈（上、中、下游）分析

6 產業技術演變分析

7 產業主力業者分析

8 產業前景與產業變化分析

9 產業週邊配套條件

10 政府產業政策與獎勵

11 產業獲利經營模式

12 產業進入障礙分析

三、國內外市場變化分析 11 項要素

圖 10-7 國內外市場變化分析 11 項要素

國內外市場變化分析 11 項要素

1 | 市場規模現況分析

2 | 未來市場成長潛力分析

3 | 消費者（顧客）行為與需求變化分析

4 | 市場占有率與品牌排名分析

5 | 商品趨勢分析

6 | 通路結構與趨勢分析

7 | 價位結構與趨勢分析

8 | 推廣、促銷、廣告作法分析

9 | 國內外品牌來源分析

10 | 整體市場趨勢與變化分析

11 | 商品生命週期分析

常用的分析架構與分析類型

四、競爭者變化分析與自我變化分析──均為 29 項要素

圖 10-8

競爭者分析 29 項要素

自我分析 29 項要素

① 策略性定位	⑯ 通路優勢
② 市場占有率	⑰ 人才優勢
③ 品牌資產能力	⑱ 產品多元化、產品優化
④ 顧客關係、會員經營能力	⑲ 專利權、IP 權
⑤ 規模經濟效益	⑳ 全球市場布局
⑥ R&D 創新能力	㉑ 地理優勢、位置優勢
⑦ 生產成本、AI 製造設備	㉒ 先入市場（卡位）優勢
⑧ 採購成本及採購優勢	㉓ 資料庫、大數據
⑨ 全球運籌能力	㉔ 資訊化（e化）（數位化）
⑩ 企業形象與聲譽	㉕ 生產、製造、高良率
⑪ 企業領導人正派經營	㉖ 售後服務能力
⑫ 高技術與品質能力	㉗ 廣告與促銷能力
⑬ 營運模式複製能力	㉘ 銷售人力團隊
⑭ 集團公司資源整合	㉙ 高階經營團隊（高階管理團隊）
⑮ 上下游垂直整合能力	

下面例舉各業別的 Business System（企業營運系統），供為參考：

〈案例一〉製造業

〈案例二〉金融業

〈案例三〉外食業

〈案例四〉零售業

〈案例五〉廣告業

Chapter 10 常用的分析架構與分析類型

253

接下來說明企業營運系統的三個主要構成要項,包括:

一、Element(要素):在營運系統階段的各種價值創造的產銷活動。

二、Step(階段):在每一個階段創造及提供的價值所在。

三、Flow(流程):指各行各業的營運貫串流程,如上圖所示。

總之,對企業系統 (Business System) 的概念,可以簡化為下圖。

圖 10-9

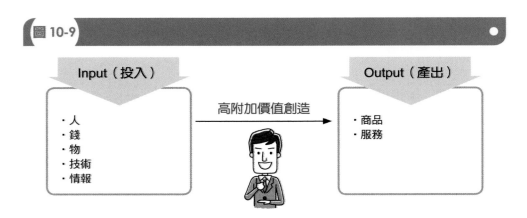

各 Business System 所產生的問題及對策,大抵不脫離下列圖示的五大範圍。

圖 10-10

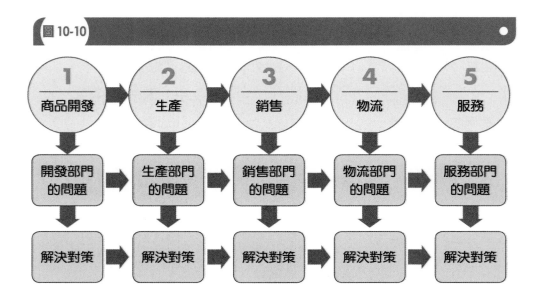

10-6 解決問題的步驟架構

圖 10-11

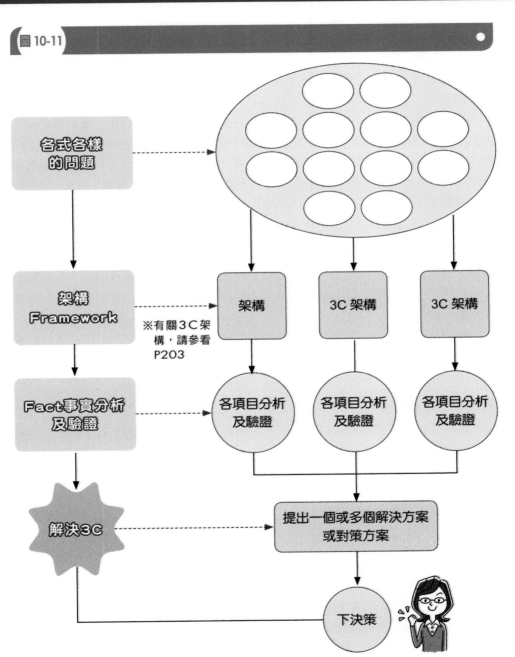

各式各樣
的問題

架構
Framework

※有關３C架
構，請參看
P203

Fact事實分析
及驗證

解決3C

架構

3C 架構

3C 架構

各項目分析
及驗證

各項目分析
及驗證

各項目分析
及驗證

提出一個或多個解決方案
或對策方案

下決策

10-7 分析方法的六種類型

企業界分析問題或做報告時,分析的方法可區別為六種:

第一:百分占比分析

亦即在各種原因、問題、結果等事項上,到底每一個事項占了多少百分比,此即最簡單,也是最常用的分析方法。

例如市場占有率、新產品上市成功率、廣告宣傳占營收比率、價格降幅率、毛利率、獲利率、營收成長率、產能利用率、事業結構率、不良率、準點起飛率、開工率、客戶數成長率、成本下降率、負債比率、自有資金比率、資金成本率、管銷費用率、離職率、學歷占比率、海內外營收率、品牌知名度率、企業形象率、庫存週轉率、資產週轉率、二八 (20/80) 比例……等。

第二:趨勢分析

對產業、技術、法令、經貿景氣、社會文化、消費、市場需求、環保、自由競爭、地緣政治、市場潛力、人口結構、產品、價格、通路、價值觀、生活觀、家庭親子觀、婚姻觀、AI 技術應用、流行觀……等做一種中長期趨勢走向的分析與判斷。

趨勢是代表一種大方向,企業如能夠掌握趨勢,及時卡位,並預先研擬戰略政策,則必可掌握商機與領先地位。當然,趨勢分析還是必須有一些數據資料做為支撐,再配合決策者多年的經驗與直觀感覺。

第三種:差異分析

差異分析係就經過比較之後,有所落差與異常的部分,進行追蹤分析。這種差異分析主要有五種項目,進行比較:
一、自己現在跟過去的實績相比
二、自己現在跟預算目標相比
三、自己跟市場整體相比
四、自己跟競爭對手相比
五、自己跟國際市場相比

第四種:因果關係分析

凡事件的發生,必有其因果關係循環存在的,不會無緣無故產生,包括人、事、物皆然。因此,追出因果的相互關係及前後關係,是一種有效的分析法。如

下圖示：

圖 10-12　事件 A 到 G 因果關係圖

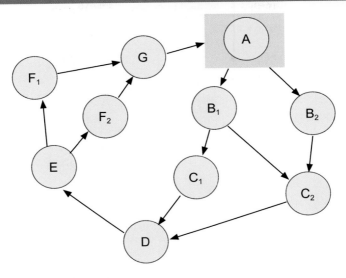

第五種：敏感度分析

　　所謂敏感度分析，係在事前分析及計劃時，對各種達成條件及達成結果若有任何改變時，將會對財會結果或其他事項，產生何種不同的結果。亦即，我們可以事前看到更多不同方案與不同敏感度變化，對各種作用下的不同結果，能夠了然於胸。

第六種：歸納與推論分析法

　　歸納分析法即指將各種搜集到的多元資料情報，加以整理及歸納為幾個重要的結論、發現、趨勢或變化。

　　所謂推論分析法，則是對某一種現象、某一種發展趨勢、某一種預期等，根據所搜集到的有限資料，做一種對等的延伸推論。

Chapter **10**

常用的分析架構與分析類型

257

圖 10-13　**六種分析法類型**

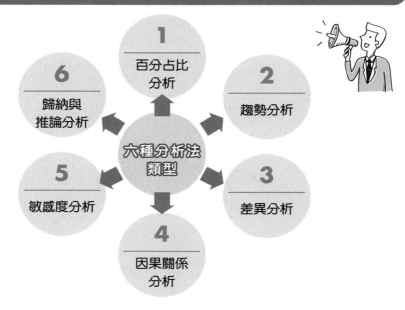

六種分析法類型

1 百分占比分析

2 趨勢分析

3 差異分析

4 因果關係分析

5 敏感度分析

6 歸納與推論分析

10-8　對 SWOT 分析的基本過程

圖 10-14

1	深入探索、思考及發現機會
2	抓出適合本公司的商機
3	積極活用本公司優勢
4	本公司弱點如已形成障礙，則必須加強改善
5	對威脅對策的檢討及準備因應
6	明確化尋出關鍵成功要因 (KSF) 的，並集中全部資源在此

S：Strength，優勢／強項分析
W：Weakness，劣勢／弱項分析
O：Opportunity，新商機分析
T：Threat，威脅分析
SW分析：公司內部優劣勢分析
OT分析：公司外部環境新商機／新威脅分析

Chapter 11

利用邏輯樹來思考對策及探究原因

　　各級幹部主管人員經常面對思考與分析。思考什麼呢？思考該如何做決策。分析什麼呢？分析探究原因為何。在實務上，可以利用邏輯樹做為思考對策與探究原因的技能工具，而且簡易可行。

11-1　利用邏輯樹來思考對策

茲舉二例如下：

〈案例一〉

董事長下令希望今年度能夠增加「稅前淨利」時，各級幹部人員可以利用邏輯樹，圖示如下各種可能方法：

圖 11-1　如何增加公司稅前淨利

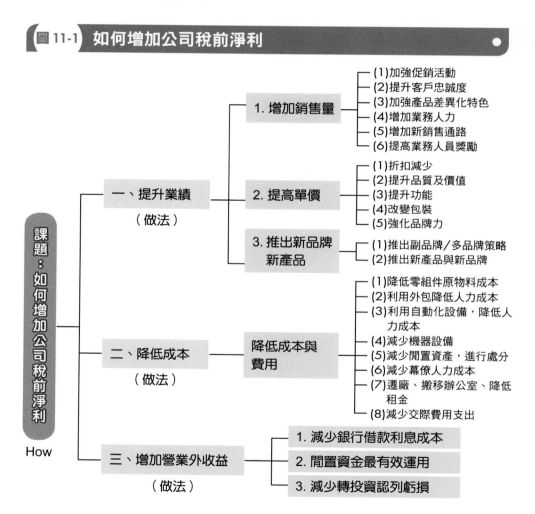

課題：如何增加公司稅前淨利 How

一、提升業績（做法）

　1. 增加銷售量
　　(1)加強促銷活動
　　(2)提升客戶忠誠度
　　(3)加強產品差異化特色
　　(4)增加業務人力
　　(5)增加新銷售通路
　　(6)提高業務人員獎勵

　2. 提高單價
　　(1)折扣減少
　　(2)提升品質及價值
　　(3)提升功能
　　(4)改變包裝
　　(5)強化品牌力

　3. 推出新品牌新產品
　　(1)推出副品牌／多品牌策略
　　(2)推出新產品與新品牌

二、降低成本（做法）

　降低成本與費用
　　(1)降低零組件原物料成本
　　(2)利用外包降低人力成本
　　(3)利用自動化設備，降低人力成本
　　(4)減少機器設備
　　(5)減少閒置資產，進行處分
　　(6)減少幕僚人力成本
　　(7)遷廠、搬移辦公室、降低租金
　　(8)減少交際費用支出

三、增加營業外收益（做法）

　1. 減少銀行借款利息成本
　2. 閒置資金最有效運用
　3. 減少轉投資認列虧損

〈案例二〉

　　提升企業集團形象：

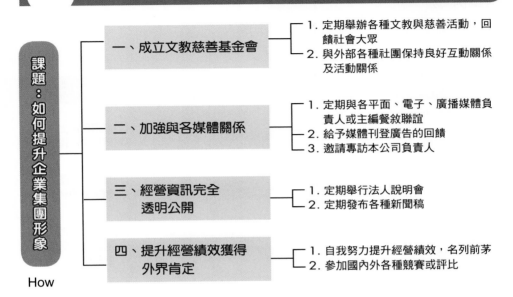

圖 11-2　如何提升企業集團形象

課題：如何提升企業集團形象

How

一、成立文教慈善基金會
1. 定期舉辦各種文教與慈善活動，回饋社會大眾
2. 與外部各種社團保持良好互動關係及活動關係

二、加強與各媒體關係
1. 定期與各平面、電子、廣播媒體負責人或主編餐敘聯誼
2. 給予媒體刊登廣告的回饋
3. 邀請專訪本公司負責人

三、經營資訊完全透明公開
1. 定期舉行法人說明會
2. 定期發布各種新聞稿

四、提升經營績效獲得外界肯定
1. 自我努力提升經營績效，名列前茅
2. 參加國內外各種競賽或評比

茲舉二例如下：

〈案例一〉

為何本公司某品牌產品銷售量突然下降？

圖 11-3 為何本公司某品牌產品銷售量突然下降？

為何本公司某品牌產品銷售量突然下降？
Why

一、強力競爭者進入市場
- 1. 低價品上市
  - (1)低價新品上市
  - (2)同類產品價格下滑
- 2. 品牌運作
  - (1)強力大打產品宣傳
  - (2)競爭者的品牌風潮
- 3. 通路商全力配合
  - (1)通路商配合吃貨
  - (2)通路商享受各種優惠及獎勵

二、公司本身問題
- 1. 品質下降
  - (1)抱怨增加
  - (2)設計變更
- 2. 廣告太少 — 節省廣告支出
- 3. 新品上市太少 — 顧客喜新厭舊

三、顧客（消費者）本身的變化

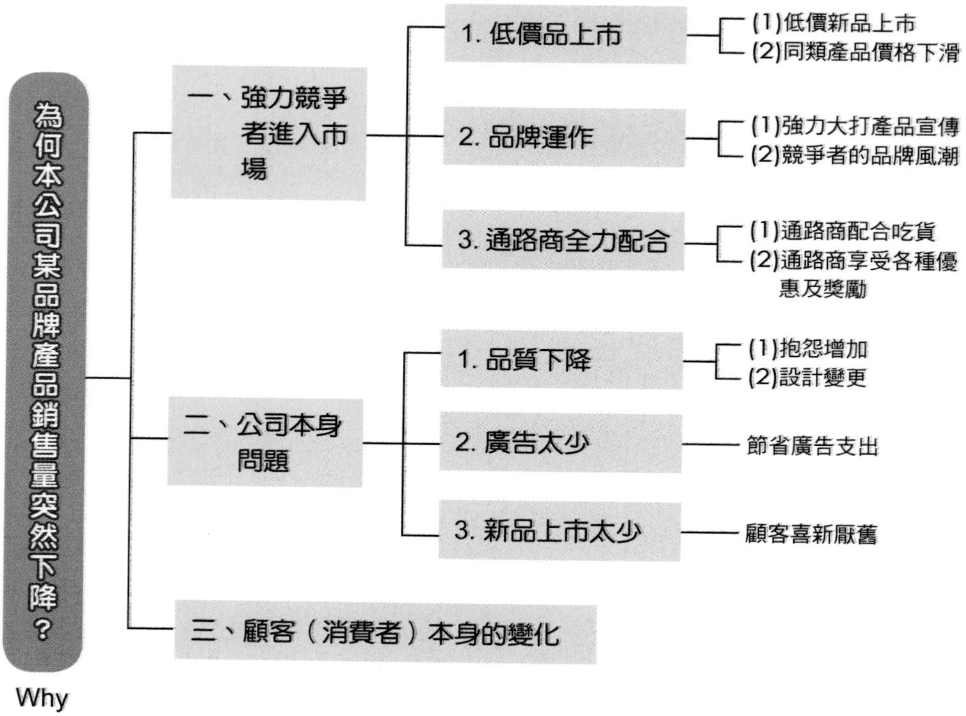

〈案例二〉

　　為何競爭對手某品牌洗髮精突然成為第一品牌？

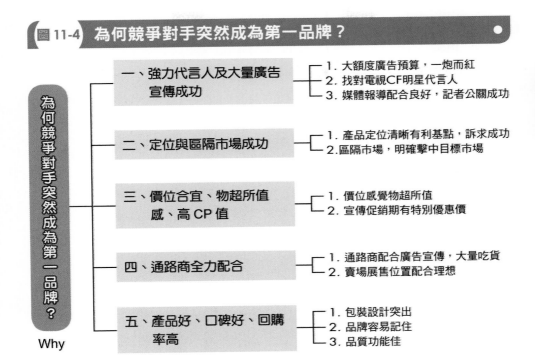

圖 11-4　為何競爭對手突然成為第一品牌？

為何競爭對手突然成為第一品牌？　Why

一、強力代言人及大量廣告宣傳成功
1. 大額度廣告預算，一炮而紅
2. 找對電視CF明星代言人
3. 媒體報導配合良好，記者公關成功

二、定位與區隔市場成功
1. 產品定位清晰有利基點，訴求成功
2. 區隔市場，明確擊中目標市場

三、價位合宜、物超所值感、高CP值
1. 價位感覺物超所值
2. 宣傳促銷期有特別優惠價

四、通路商全力配合
1. 通路商配合廣告宣傳，大量吃貨
2. 賣場展售位置配合理想

五、產品好、口碑好、回購率高
1. 包裝設計突出
2. 品牌容易記住
3. 品質功能佳

Chapter 11　利用邏輯樹來思考對策及探究原因

Chapter 12

企業解決問題的實戰知識

作者本人曾經在中大型企業工作過，如今思考回來，認為企業要解決問題與提高經營績效，經綜合歸納後，提出最重要的 23 個根本力，只要好好強化與提升這 23 個根本力，就可以創造出公司好的經營績效，問題也會大幅減少，而逐步邁向一個成功與卓越的優良公司。

一、人才力 (Manpower)：得人才者，得天下也。

人才力是一個公司能夠減少問題或解決問題的最重要一個核心點所在。

企業所有的一切，都是公司優良人才團隊所創造出來及經營出來的；所謂「得人才者，得天下也」。只要公司組織各部門都能有大量優良人才存在，那麼這個公司的問題就會大幅減少，會快速得到解決。

所以，任何公司都一定要非常重視「人才」與「人才團隊」，要好好守住、鞏固住這批優良、好的「人才團隊」，公司就一定會成為成功與卓越的好公司。所以，「人才力」是這 23 個根本力的最核心點所在。切記！切記！

圖 12-1

人才力 →
- 得人才，得天下也。
- 各部門都有優秀人才。

→
- 創造公司好經營績效。
- 解決問題時重要根本。

二、組織能力 (Organizational Capability)

公司能夠減少問題及解決問題的第二個根本力，就是公司有沒有形成很強大的「組織能力」。

前述的「人才團隊力」雖然是一個最核心根本力，但要把這一批優質好人才發揮才能及奉獻智慧，產生出好的終極成果出來，此時，就要有強大的「組織能力」才可以。也就是說，公司各事業部門及各功能幕僚部門，必須形塑出他們在各自部門上的「專業能力＋工作能力」，然後能對公司的營收及獲利最終結果，產生出正面貢獻及競爭優勢出來。

口語話來說，研發部門是否有強大的「研發組織能力」及「商品開發組織能力」；業務部門是否有強大的「客戶拓展與業績成交的組織能力」等。

組織能力的形成，是一個長時間五年、十年、二十年、三十年、四十年累積及鍛鍊而成的，組織能力最終就形成了公司的終極「核心能耐」(Core-competence) 及「核心競爭優勢」(Core-competitive Advantage)，也是公司能夠長期生存、百年長青不敗及永續經營的最重要根基。

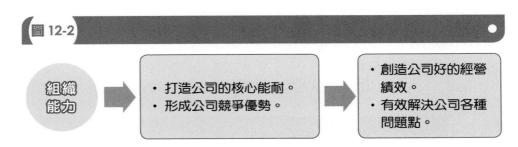

圖 12-2

三、領導力 (Leadership)

第三個能夠減少問題與解決問題、創出出高績效的根本力，就是一家公司必須要有強大的「領導力」，不是僅僅表示這家公司董事長或總經理的個人領導力而已，而是指「一群中高階主管」的領導力。

如果按職稱來說，只要是領導一個部門的經理級、協理級、總監級、副總級等四層中高階主管均包括在內。也就是說，每個事業部、每個功能部門的這四層主管，都必須要有強大的與正確的「領導力」才可以。如此，必可以大大減少公司重大不利問題的產生，以及必能夠快速解決公司在不同階段發展中所產生的諸多問題。

所以，總合來說，一家公司或一個集團的經理、協理、總監、副總、總經理、執行董事、董事長等精英團隊所發揮的優質領導力，是一個非常重要的核心根基力。

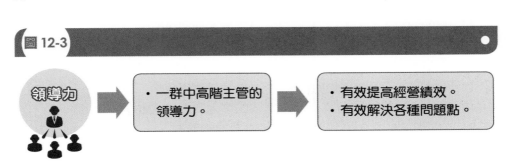

圖 12-3

四、決策力 (Decision Making)

每家公司每天在各種營運活動上，都必須做好決策。例如：營業決策、研發決策、技術決策、採購決策、製造決策、投資設廠決策、物流決策、行銷決策、通路銷售決策、定價決策、產品決策、售後服務決策、財務決策、資訊 IT 決策、法務決策、稽核決策、上市櫃決策……等二十多種各部門／各類型／各角度的重要決策。

如果決策方向錯誤與決策選擇錯誤，那必然為公司、為集團帶來很多、很大的不利問題點，以及會導致公司經營績效的衰退或下滑，那就很麻煩了。因此，如何有一個 (1) 正確的、(2) 精準的、(3) 及時的、(4) 快速的、(4) 敏銳的 最佳下決策能力，這就非常重要了。

因此，「決策力」也是公司提高經營績效及有效解決問題點的核心根本力。

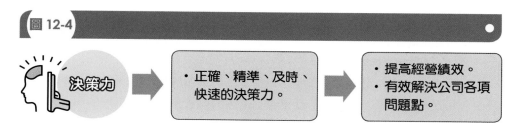

圖 12-4

決策力 ➡ ・正確、精準、及時、快速的決策力。 ➡ ・提高經營績效。 ・有效解決公司各項問題點。

五、策略力 (Strategical Capability)

策略的對錯與否，也會大大影響一家公司的發展速度及經營績效好壞。

所謂「公司的策略」包括了：

1. 併購／收購策略
2. 海外投資設廠策略
3. 國內投資設廠策略
4. 合併策略
5. 長期技術方向選擇策略
6. 垂直整合策略
7. 一條龍營運策略
8. 水平整合策略
9. 快速展店策略
10. 上市櫃策略
11. 策略合作聯盟策略
12. 資金取得策略
13. 產品線與產品組合策略
14. 競爭優勢策略
15. 核心能耐策略
16. 資源取得策略
17. 全球化／區域化供應鏈策略
18. 短鏈供應策略
19. 物流中心建置策略
20. 多品牌經營策略
21. 中長期（5～10 年）公司發展與成長策略藍圖

上述各式各樣的策略選項非常的多，每一個策略「抉擇」及「取捨」都會影響到公司的經營績效，以及會影響到公司的問題層出不窮與否。因此，每家公司的高階主管團隊與領導群都必須非常的慎重做出每一次的策略抉擇。

因此，策略力也成為企業解決問題與提高經營績效的根本力之一。

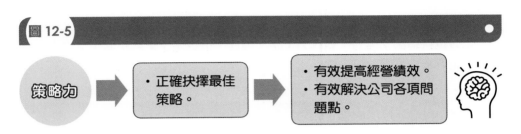

圖 12-5

六、制度化力

公司的制度化力，是指公司各部門在工作推動上的法規、制度、流程、章程、規定等，均泛稱為公司的制度化力。

一個公司從數十人、百人、千人甚至上萬人在處理公司事務，還有對外客戶營運等事宜，如果沒有好的、完善的、週全的制度，以及 SOP（標準作業流程）的話，那麼公司必定非常混亂，經營也會出現問題，忙著去救火。這樣的公司，必定不會有好的經營績效。

因此，公司必須儘早做好各部門、各流程、各工作的制度化及標準化相關事宜，才能大大減少公司問題的不斷產生及提高經營績效。

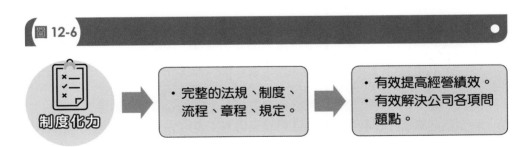

圖 12-6

七、執行力 (Implementation)

鴻海集團創辦人郭台銘，被稱為最有「執行力」的董事長。郭董事長以「劍及履及」、「緊迫盯人」、「壓力很大」、「不達目標絕不終止」等為個人的董事長、老闆領導特色與特質。他說過一句名言：「不好的策略，可以用好的執行

力加以彌補。」

　　一家公司光有很好的討論、很棒的計劃案、很對的方向，但沒有很好的執行力，那一切都是枉然的、沒有用處的、浪費的。公司如果有 (1) 很強大的執行力；(2) 堅定不移的執行力；(3) 快速的執行力。那麼就會領先競爭對手，也會自然而然的解決很多問題及創造很多的經營績效。

　　所以，一家成功卓越的優質公司，必能夠從：個人的、部門的、全公司的方面，全方位打造出堅強的「執行力」來。因此，這也是企業解決問題與提高經營績效的重要根本力之一。

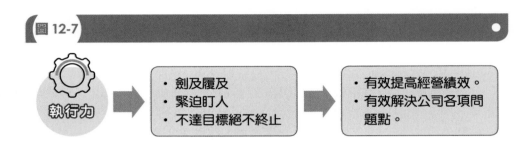

八、物質激勵力 (Money Incentive)

　　第八個重要根本力就是：公司必須要有領先同業的好的、豐厚的、有誘因的物質激勵力。講白一點，就是公司要有很棒的：

　　1. 月薪　　　　　　　2. 年終獎金　　　　　3. 三節獎金
　　4. 業績／績效獎金　　5. 紅利獎金　　　　　6. 特別獎金等

　　國內一些優良高科技公司，像台積電、大立光、聯發科、鴻海、聯電……等數十家高獲利科技公司，每年都發放驚人的紅利獎金，只要是經理級以上幹部，其年度紅利獎金都高達幾百萬到幾千萬之多，真的令傳統製造業、零售業、服務業的員工們很羨慕，也很哀怨。

　　因此，要成為一家好公司，就必須努力成為上市櫃公司，也必須努力打拼經營，創造出好業績、好利潤，才能回饋給全體員工更好的「紅利獎金」，物質化最佳誘因。有了這種高誘因的物質化激勵力，必使全體員工更努力在工作上，做出更大的貢獻，如此，人人都這樣的話，公司的經營績效必然會大大提高，問題也會大幅減少或得到有效解決。

　　（註：台積電公司 6 萬名員工，在 2022 年度，平均每名員工領到 180 萬元紅利獎金；平均每名員工的年薪高達 300 萬元之多。）

圖 12-8

- 很棒的月薪、年終獎金、三節獎金、紅利獎金、績效獎金、特別獎金。

- 有效提高經營績效。
- 有效解決公司各項問題點。

九、升遷力 (Promote)

公司每位員工都想要定期有升遷的機會，因為升遷代表：

1. 可以加薪，

2. 自己能力受到公司的肯定，

3. 自己會感受到投入努力，必會有所回報。

所以，公司定期的升遷力，對公司員工潛能的大力發揮及時提升公司經營績效，必有大的影響力。

所以，公司必須每年一次，召開「人事升遷評核委員會」，對於對公司有重大貢獻及個人能力強大的優良員工，予以定期拔擢及晉升。有了定期升遷力之後，組織才會有活力，組織也才能夠新陳代謝，保持活力。所以，「升遷力」也形成公司減少問題發生及創造良好經營績效的重要根本力之一。

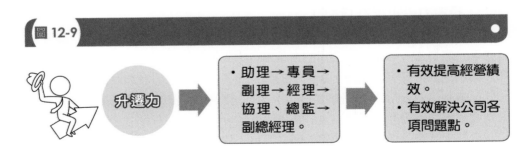

圖 12-9

- 助理→專員→副理→經理→協理、總監→副總經理。

- 有效提高經營績效。
- 有效解決公司各項問題點。

十、管理力 (Management)

「領導」(Leadership) 與「管理」(Management) 是不同的。領導比較偏重為公司帶來什麼願景、策略及方向，像是一條船的掌舵者，領導不能走錯方向，否則公司就很辛苦了。而「管理」則是比較顧及日常工作的細節，以及細節工作的指導及監督。而「管理」的定義，簡化來看，就是「P-D-C-A」的四個循環。

・P：Plan，日常要會做細節計劃設想。

・D：Do，即是計劃完成後，就要有人執行、落實、完成。

・C：Check，即事情是否完成，要有人考核、督導、查核、追蹤。

・A：Action，即考核之後，是否有必須再調整、再改善、再加強的空間，然後再一次行動去徹底做好事情。

公司日常的「管理力」的展現，大概都落在基層主管及中階主管身上。如果，這些主管能夠在細節上、在進度上、在目標上做好 P-D-C-A 四個循環，那麼，公司最終的經營績效就會提高，公司各種問題也會得到及時與有效的解決。所以，基層主管及中階主管的「管理力」也成為公司重要、不可忽略的核心根本力之一。

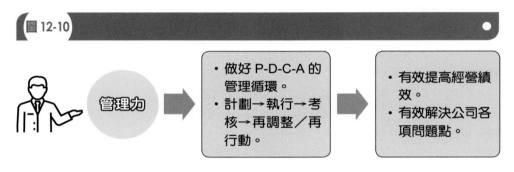

圖 12-10

管理力 → ・做好 P-D-C-A 的管理循環。・計劃→執行→考核→再調整／再行動。 → ・有效提高經營績效。・有效解決公司各項問題點。

十一、技術力與研發力 (R&D)

企業技術力與研發力的好壞，也會大大影響到公司的經營績效好壞，以及問題是否頻繁發生。像高科技公司的台積電、大立光、聯發科、鴻海……等諸多公司，由於他們都擁有領先的、與尖端的製程高深技術力、研發力及高產品良率，因此都能為他們公司帶來：高的毛利率、高的獲利力、高的 EPS 及高的股價，這些指標也都顯示出他們經營績效的優良與卓越。

另外，就解決企業諸多問題的面向而言，擁有高端技術力及研發力，也必能有效解決他們在先進產品的研發成果問題，以及製程良率的提高問題。因此，技術力與研發力也就成為公司有效解決相關問題與提高經營績效的重要核心根本力。

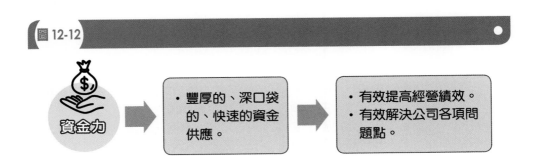

圖 12-11

技術／研發力 → ・領先的／尖端／有用的技術與研發能力。 → ・有效提高經營績效。 ・有效解決公司各項問題點。

十二、資金力 (Capital)

公司是否擁有豐厚資本與資金來源，也關係著公司所面臨的財務問題解決與否。公司要買土地、要蓋新廠房、要購買先進設備、要投入尖端研發、要開發新產品、要併購其他公司、要到海外各國家去設廠，都須要用到龐大的資金需求。公司若能擁有厚實與快速的資金來源，都能比較快速成長及拓展事業版圖。所以，資金力深厚的公司，自然所面臨財務問題就會減少。

因此，資金力的狀況也成為一家公司是否有較佳經營績效，以及是否能夠解決公司財務支應能力的問題。

圖 12-12

資金力 → ・豐厚的、深口袋的、快速的資金供應。 → ・有效提高經營績效。 ・有效解決公司各項問題點。

十三、設備力 (Equipment)

現在的新設備都強調高度的 AI 智能化、全面自動化、全面高速化、尖端精密化；尤其，在高科技公司，這些先進製造設備及實驗設備，都攸關著科技產品的生產良率與否，直接的，也對生產製造的效益及績效好不好，產生很大影響力。

另一方面，擁有這些先進與尖端的製造設備，也會減少製程上的相關問題及麻煩。所以，設備力也成為創造高經營績效，以及減少製造面問題點的根本力之一。

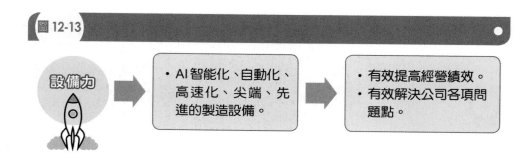

圖 12-13

十四、願景力 (Vision)

　　不管是高科技公司、傳統製造業或零售業或服務業，公司的最高領導人、董事會及董事長，都必須能夠策訂出該公司、該集團，在未來十年、二十年、三十年的營運活動中，到底想達到什麼樣的「長程願景目標」；這個願景目標，可以提供給全體員工的長期努力的目標，公司員工也才知道他們「為何而戰」，才能激發全體員工的鬥志、意志及凝聚力。

　　因此，長程願景目標，成為一種激勵性與動機性的加速力道，這些力道，將可以為公司帶來每年具有成長性的高績效指標及解決公司相關問題的根本力。

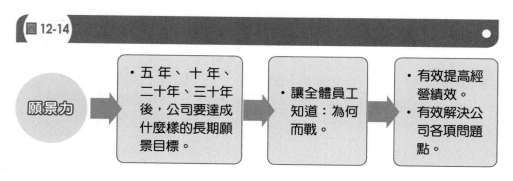

圖 12-14

十五、布局未來力

　　企業要長遠發展，一定必須具有布局未來的戰略思維及行動。一定要想到五年、十年、二十年後，我們的企業將何去何從？將發展成什麼面貌？將如何保持不斷的成長性？以及如何才能百年長青呢？

　　因此，企業要花 70% 的資源在今年的工作任務達成上面，但也要撥出 30% 的人力及物力，放在規劃未來五年、十年的長程戰略事業計劃發展上面。所以，企業有好的布局未來力，就必能保持每個階段好的經營績效，也會大大減少公司

面對長期問題的發生。

現在是 2023 年，可是有些大企業、科技企業，已經規劃設想到 2030 年（八年後），我們的企業總營收目標、總獲利目標將達到那些數字了。所謂「人無遠慮，必有近憂」，因此，企業為了承續百年經營，一定要有長期布局的戰略事業規劃才行。

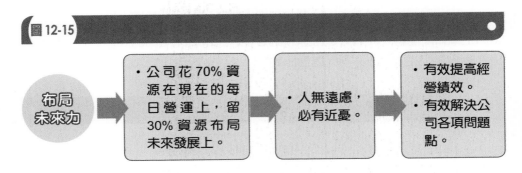

圖 12-15

布局
未來力 → ・公司花 70% 資源在現在的每日營運上，留 30% 資源布局未來發展上。 → ・人無遠慮，必有近憂。 → ・有效提高經營績效。
・有效解決公司各項問題點。

十六、快速應變力

企業面對巨變的經營環境中，一定要鍛鍊出具有快速的、快捷的、彈性的、靈敏的、敏銳的應變組織、應變能力及應變人才。

這些巨變的環境，包括：這 3 年來的全球疫情、中美貿易／科技／軍備大戰、少子化、老年化、AI 化、5G 化、電動車、單身化、晚婚化、不生子化、俄烏戰爭、高通膨率、貧富不均化、全球化到在地化、庶民消費時代化、短鏈供應等；這些巨變環境都對我們的企業產生很大的影響及衝擊，任何企業必須快速反應、快速應變及快速行動才能生存下來。不能快速應變的企業，將會被巨變環境所淹沒了。

所以，企業如果擁有快速且彈性的應變力，就能創造出較佳的經營績效，也會快速的解決很多企業所面臨的問題點。

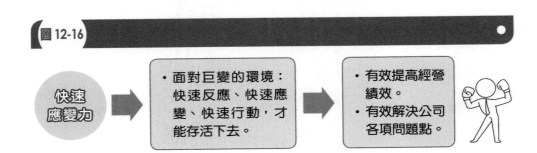

圖 12-16

快速
應變力 → ・面對巨變的環境：快速反應、快速應變、快速行動，才能存活下去。 → ・有效提高經營績效。
・有效解決公司各項問題點。

十七、抓住環境變化力

上述巨變的環境，不只是會帶來對企業的威脅，但也會帶來好的商機，這是正面的好事。

因此，企業應該要做好三抓，哪三抓呢？

1. 抓住環境好的「變化」。
2. 抓住環境好的「趨勢」。
3. 抓住環境好的「商機」。

企業如果能夠及時做好這三抓，必定能為企業帶來更高的經營績效，以及解決更多企業即將面臨的不利問題點。

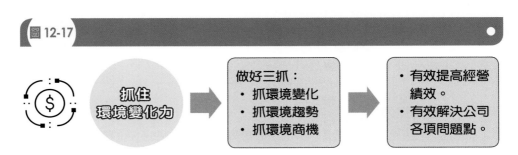

圖 12-17

十八、企業文化力（組織文化力）

企業擁有好的「企業文化力」，代表組織成員們對企業擁有高度的認同感、支持度及凝聚力；例如：台積電企業、大立光企業、聯發科企業、鴻海企業、富邦、國泰、全聯、統一企業、統一超商……等，都有很好的企業文化與組織文化特色。這些好的「企業文化力」對該公司也會帶來更好的經營績效，以及無形間會消除企業所面臨的各種問題點。

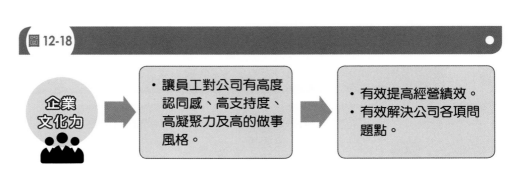

圖 12-18

十九、品牌力

對大部分的消費品公司或服務業公司，品牌力的影響性及重要性是非常大的。「品牌力」象徵著：消費者對這家公司、這些產品的印象度、好感度、知名度、指名度、信賴度、忠誠度、黏著度及情感度；因此，任何消費品公司必須努力去打造出好的、強大的「品牌力」及「品牌資產」、「品牌價值」。有這些之後，才能為各公司帶來更卓越的經營績效及解決更多品牌上的問題點。

所以，消費品企業及各種服務業，都必須更努力、更用心、更投入去經營「公司品牌」及「產品品牌」二件大事。

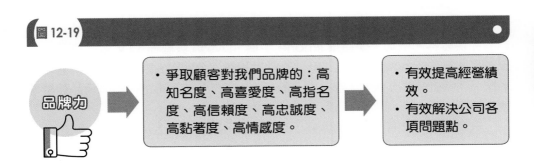

二十、前瞻與遠見力

企業營運，除了要顧及每日的細節工作與目標任務外，很多的重大決策思維，除了「眼前」之外，更要兼具「前瞻與遠見力」，要站在更高點，更往前眺望，看到更遠的地方，這就是企業領導群團隊必須具有前瞻與遠見力，才有可能達成更好的經營績效及解決更多遠端的問題點。

這些前瞻與遠見力，要發揮在很多的：投資決策上、戰略規劃上、布局未來拓展事業版圖上、產銷工作上、技術研發上、全球化與在地化策略上……等。這些具有前瞻與遠見的重大思維及抉擇，將把公司與集團的經營視野延伸到更長遠的發展未來，並且將可得到更具遠見的經營績效出來。

二十一、產品力

　　「產品力」是行銷工作的主力核心點，也是一家公司要創造出好業績及好獲利的先決要件。例如，像蘋果 iPhone 手機、Dyson 吸塵器、LV 名牌精品、賓士高級汽車、Panasonic 電冰箱、Sony 電視機、台積電五奈米、三奈米晶片半導體……等諸多具有強大「產品力」的公司，都能夠有很高的市占率及品牌領導性。

　　一家企業，如果真正能夠做好「產品力」，那麼經營上及行銷上的問題就會少一些，同時也能夠創造出較佳的經營績效出來。因此，每家企業都必須努力、用心的投入「真正好產品」的打造及維繫工作。例如：像蘋果的 iPhone1 ～ iPhone14，代表該公司 14 年來，每年都很用心的投入維持真正好產品的相關工作。因此，iPhone 的經營績效，14 年來都保持穩定的正成長，值得學習。

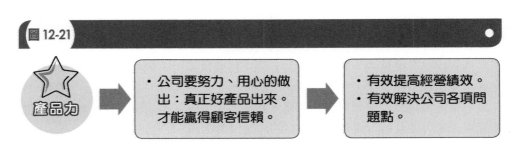

二十二、行銷力

　　一個產品能夠銷售成功，除「產品力」要好之外，也要「行銷力」成功。成功的「行銷力」，包括了：要有物超所值感的訂價、要有方便且快速的購買通路、要有好的廣告宣傳、要適時做促銷、要有充分的媒體報導露出、要有強大的第一線人員銷售、要做活動……等均為「行銷力」的一環。

一個公司如果擁有強大行銷力，必可有助於提高經營績效，亦可以減少很多問題的產生。

二十三、服務力

現在企業經營，愈來愈重視「售後服務」的角色及功能。如果企業能提供快速的、親切的、能解決問題的、有禮貌的、頂級的、客製化的「服務力」，必可提高顧客滿意度，創造顧客好口碑及有效提升回購率；並創造出公司更好的經營績效，以及為公司解決諸多服務上的問題點。

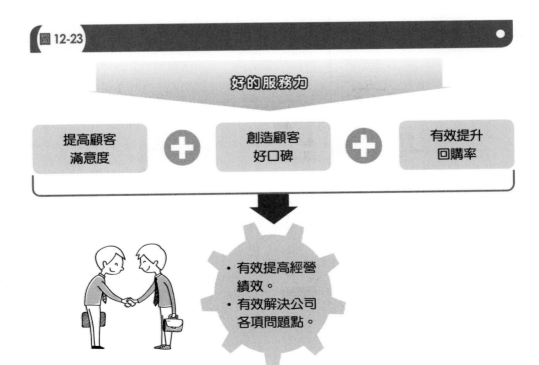

圖12-24 企業解決問題與提高經營績效的 23 個重要根本力

1 人才力	2 組織能力	3 領導力	4 決策力	5 策略力
6 制度化力	7 執行力	8 物質激勵力	9 升遷力	10 管理力
11 技術力與研發力	12 資金力	13 設備力	14 願景力	15 布局未來力
16 快速應變力	17 抓住環境變化力	18 企業文化力	19 品牌力	20 前瞻與遠見力
21 產品力	22 行銷力	23 服務力		

- 有效解決各種問題
- 提高經營績效

經作者本人在實務工作的多年經驗顯示，本人最常用的解決問題方法，就是下列圖示的最簡化四步驟，如下：

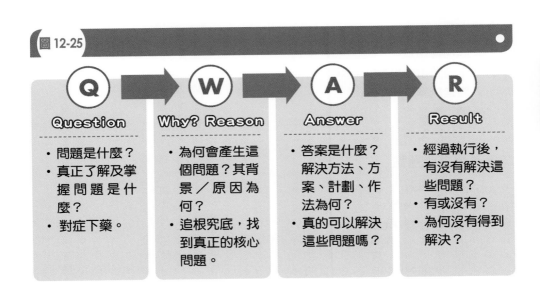

圖 12-25

Q Question	W Why? Reason	A Answer	R Result
• 問題是什麼？ • 真正了解及掌握問題是什麼？ • 對症下藥。	• 為何會產生這個問題？其背景／原因為何？ • 追根究底，找到真正的核心問題。	• 答案是什麼？解決方法、方案、計劃、作法為何？ • 真的可以解決這些問題嗎？	• 經過執行後，有沒有解決這些問題？ • 有或沒有？ • 為何沒有得到解決？

12-3 公司五大部門可能出現的問題點彙整

一家公司比較重要的五個部門的問題點，經彙總如下：

一、製造部（工廠）問題點

1. 品質不穩定、不夠好。
2. 不良率偏高、降不下來。
3. 設備運用效率不高。
4. 生產速度有些慢、不夠快。
5. 製造成本降不下來。
6. 勞工熟悉度不夠好。
7. 原物料品質不穩定。

二、業務部問題點

1. 業績不夠好。
2. 業績成長緩慢。
3. 各地區業績不夠平均。
4. 產品組合不夠完整。
5. 單一產品風險高。
6. 通路上架不夠普及。
7. 第一線銷售人員能力不夠強。
8. 第一線門市店人員素質不夠好。
9. 產品定價偏高。
10. 產品力不夠強。
11. 市場競爭太激烈。
12. 顧客忠誠度不足。
13. 顧客回購率偏低。

三、行銷部問題

1. 品牌力太弱（品牌知名度、印象度、信任度均低）。
2. 行銷廣宣預算太少。
3. 媒體露出太少。

4. 缺乏大牌藝人代言。

5. 電視廣告無法吸引人看。

6. 品牌命名不佳、不好記憶。

7. 促銷活動太少。

8. 缺乏傾聽顧客心聲。

9. 體驗活動太少。

10. 公益活動太少。

四、商品開發部問題

1. 新品開發成功率偏低。

2. 新品全年開發數量不足。

3. 既有產品改良率不夠好。

4. 技術能力落後。

5. 優秀技術人才不足。

6. 新產品成本偏高。

7. 新產品價值感不足。

8. 新產品顧客滿意度偏低。

9. 新產品開發速度太慢。

10. 新產品不夠創新。

11. 新產品無法滿足顧客需求。

五、財會部問題

1. 公司全年獲利不佳、甚至衰退。

2. 公司成本率及費用率均偏高。

3. 公司本業外支出太多。

4. 公司首度出現虧損。

5. 公司上市櫃進度太慢。

6. 公司營運資金不足。

一家有問題的公司必會問題發生層出不窮，必定是哪些方面出現問題了。公司問題的發生可能會有幾十項細節原因產生，但如果從大方向上看，大概有 12 項問題產生的大原因，如下述：

一、制度有問題

一家公司如果沒有制度或制度不好、不對，都會使公司發生問題。因此，一定要先做好及健全公司應該有的制度、規章及流程，公司才會減少問題的產生。

這些制度，包括：人事制度、製造制度、採購制度、品管制度、物流倉儲制度、升遷制度、考核制度、銷售制度、售後服務制度、研發制度、新品上市制度、門市店制度……等均屬之。

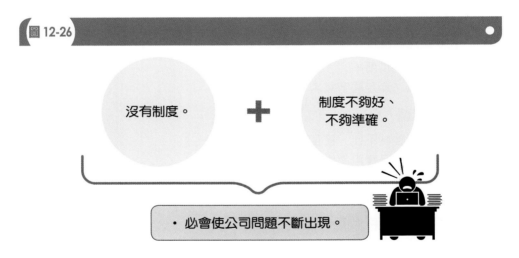

圖 12-26

沒有制度。 ＋ 制度不夠好、不夠準確。

• 必會使公司問題不斷出現。

所以，公司一定要先制定好制度以及改良、改革不好的制度，讓它們都變成好的制度、可行的制度、優良的制度，如此，必可使公司的問題降到最低、最少。

- 制定好制度。
- 改良、改革、革新不好的制度。

公司就會問題減少,而步向正常經營。

二、領導有問題

「領導能力」對一家公司是非常重要的,如果中高階領導能力不足,就會使公司走向錯誤的方向、走向錯誤的作法,因此而產生更多的問題出來。

所以,公司從:基層領導→中階領導→高階領導,都必須展現出有魄力、正確的、精準的、大器的、有魅力、能激勵人心的各階層領導能力出來,才會使公司減少問題產生。

- 基層／中階／高階的正確領導力。

必會使公司減少問題發生,提高經營績效。

三、管理有問題

一家公司管理有問題,一方面指的是:制度／流程有問題,另一方面是指各層幹部對人的管理及對事的管理,都有問題。

所以,管理有問題是指各階層幹部對人／對事的管理都出了問題。包括:管理方式不對／不好;管理作法不對／不好;管理態度不對／不好;管理溝通不對／不好;管理協調不對／不好。

所以,管理有問題,就必使公司問題層出不窮了。

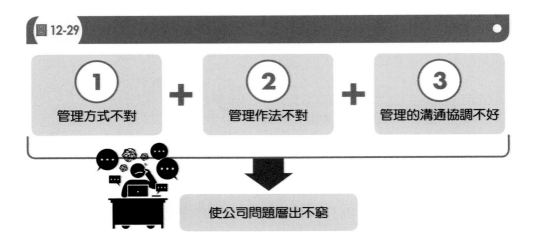

圖 12-29

① 管理方式不對 **+** ② 管理作法不對 **+** ③ 管理的溝通協調不好

↓

使公司問題層出不窮

四、人才有問題

　　人才不足、人才不夠好、人才輸別家，是公司發生問題的最大根本因素，這就是人才有問題。

　　公司是一個人才團隊所組成的，其中，有研發人才、技術人才、製造人才、品管人才、產品開發人才、業務人才、行銷人才、財務人才、法務人才、資訊人才、企劃人才、稽核人才、採購人才……等，一旦人才出了問題，那個部門功能就會弱化了，問題自然也就會層出不窮了。

　　所以，企業一定要用最好的薪資、福利，聘請到最優秀的好人才、好團隊，才能夠減少公司問題的發生。

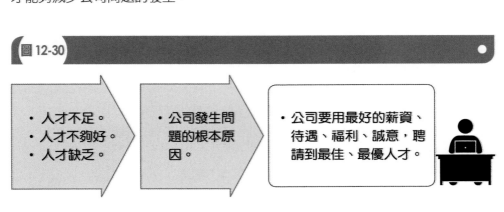

圖 12-30

・人才不足。
・人才不夠好。
・人才缺乏。

→

・公司發生問題的根本原因。

→

・公司要用最好的薪資、待遇、福利、誠意，聘請到最佳、最優人才。

五、設備有問題

對很多高科技公司而言，擁有先進自動化、尖端、AI 智能的高級製造設備及研發設備，將可以提升很多的製造良率及很高的製造效率，因此，產生製造問題的機會也會降到最低、最少。

因此，高科技公司必須有足夠資金，採購最尖端、AI 智能化的製造設備及品管設備，才能降低產品相關問題的不利產生。

圖 12-31

- 擁有先進、尖端、AI 智能、自動化的一流製造設備。 → 將可以減少製造及產品相關問題產出

六、技術有問題

很多產品的品質有問題、功能有問題、耐用度有問題，大都是因為公司的技術出了問題，也就是公司技術人員的技術水平不足、先進技術不能掌握／突破、技術不熟悉等問題，而使「產品力」出現問題，進而使公司的銷售業績不如競爭對手。

因此，公司必須加速提升技術部門的技術水平與技術能力，才能使各種問題得到解決。

圖 12-32

- 提升技術水平　・提升技術能力。 → 才能降低公司產品技術不足的諸多問題

七、組織結構有問題

有時候，公司在組織設計、組織結構、組織人力配置、組織功能等方面有所不當、不適，因此，也就產生出相關問題出來。

　　因此，要回頭去檢視這些與組織相關的改善點，才能降低因組織不當而產生的問題點。

圖 12-33

- 組織設計、組織結構、組織人力配置、組織功能不適切。

延伸出很多與組織相關的問題出來

八、決策有問題

　　有關公司的決策過程、決策機制、決策文化、決策速度以及決策人員等的不適當，也常使公司發生與決策相關的不利問題點。

圖 12-34

- 決策過程、決策機制、決策文化、決策速度以及決策人員等五大面向。

大大影響公司有關決策不當問題的產生與否

九、資金能力有問題

　　一家公司營運的必須要素之一，就是要有強大的資金能力，或稱為深口袋能力。因為，公司要買先進製造設備、要買建廠土地、要建立工廠、要買原物料、要聘才……等，都須要有資金力才行。

　　如果公司資金能力不足，就會產生諸多不利問題點出來，因此，公司必須準備好強大的資金能力。

圖 12-35

- 資金能力不足。
- 口袋不夠深。

→ 阻礙公司正常發展,很多不利問題點就會產生

十、政策有問題

公司有些政策是產生不利問題點的所在;例如:有些過時、不適宜的採購政策、品管政策、製造政策、業務政策、行銷政策、人資政策、產品政策、品牌政策、上架政策、訂價政策、促銷政策……等。

所以,公司要定期的檢視及檢討這些政策的合理性、合適性、合宜性,並且加以改善、修正、改變等,才能減少因政策不當而引起的各種不利問題點。

圖 12-36

- 定期檢討及改善、修正不適當的各種政策。

→ 必可減少因不當政策而引起的各種不利問題點

十一、競爭力有問題

若把公司放到整個市場上的競爭力來比較的話,公司有很多不利問題點,都是因為公司各項的競爭力不如競爭對手所致。

因此,要努力、用心從各項競爭力的改善及加強做起,才能減少可能產生的不利問題點。例如:技術競爭力、成本競爭力、品質競爭力、價格競爭力、通路上架競爭力、產品質感競爭力、產品宣傳競爭力、服務競爭力、資訊競爭力、物流中心競爭力、推陳出新競爭力、價值創新競爭力……等,均有加速提升各項競爭力的空間。

圖 12-37

- 各項競爭力的不足、不夠。

致使公司產生
各種不利問題點

十二、品牌力有問題

公司在行銷上的不利問題點，有很大一部分是來自於品牌力的不夠強大、不夠高知名度、不夠高信任度所致。因此，產生了行銷面的諸多不利點。

因此，公司必須從根本上打造出強大有力的品牌知名度才可以。

圖 12-38

- 品牌知名度、喜愛度、信任度、指名度均不足。

衍生出很多
行銷面的不利
問題點出來

圖 12-39 **公司為什麼會發生問題的 12 大項核心點**

1 制度有問題	**5** 設備有問題	**9** 資金能力有問題
2 各級領導有問題	**6** 技術有問題	**10** 政策有問題
3 各級管理有問題	**7** 組織結構有問題	**11** 競爭力有問題
4 人才有問題	**8** 決策有問題	**12** 品牌力有問題

12-5 解決企業問題與提高經營績效的十二種管理模式

　　下面所述十二種管理模式，是企業界常見的解決問題與提高經營績效的方法及作法。

一、走動式管理

　　強調勿只待在辦公室裡看報告或分析事情，而是應該多到第一線工廠、第一線門市店、第一線賣場、第一線活動舉辦現場去；用走動式親臨現場去觀察、去看到、去體驗到，如此，才會有好的問題解決方法，並且提高經營績效。

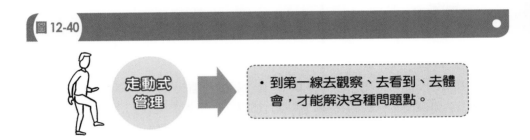

圖 12-40

走動式管理 ➡ • 到第一線去觀察、去看到、去體會，才能解決各種問題點。

二、現場管理

　　這是日本企業所重視及強調的，必須在「現場」找出源頭，去分析問題及解決問題。製造業的現場，就是工廠；服務業的現場，就是各種門市店／直營店／加盟店內；零售業的現場，就是各種賣場內。

　　「現場管理」的精神，就是在「現場」去發現問題、分析問題及解決問題。

圖 12-41

現場管理 ➡ • 發現問題、分析問題及解決問題。

三、開會管理

開會就是學習，開會就是考核、追踪各部門的工作進度，開會就是促進各部門有效解決各種內部問題點。

所以，「開會管理」，也是企業發現問題、分析問題及解決問題的很好作法之一。所以，企業才會有各種的會議，例如：每週主管會報、每月損益分析會報、每天業務會議，以及各種專案、專題會報等。

圖 12-42

開會管理 ➜ • 有效發現分析、解決各種問題點的作法。

四、SOP 管理

所謂 SOP 管理，即是「標準作業流程管理」(Standard Operation Process)；也就是針對各種功能的發揮，加以標準化的流程訂定。

包括：製造的 SOP、品管的 SOP、門市店的 SOP、專賣店的 SOP、專櫃的 SOP、賣場的 SOP、新產品開發的 SOP、售後服務的 SOP、研發的 SOP 等，均屬於 SOP 管理提升的範疇。

有了各式各樣的 SOP 之後，就比較能管控各種作業的品質，比較能加速展店，也比較可以減少各種不利問題點。

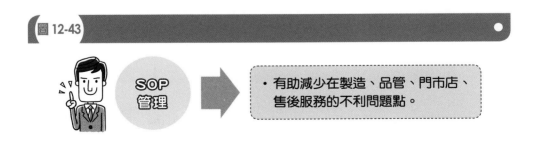

圖 12-43

SOP 管理 ➜ • 有助減少在製造、品管、門市店、售後服務的不利問題點。

五、資訊化管理

現在已經是資訊化時代了，不是手動化的時代，包括：POS 門市銷售資訊系

統、ERP 公司營運資訊系統、人事資訊系統、會計資訊系統、供應鏈資訊系統等均屬之。

　　資訊化的結果，可以提高我們在公司做事的效率及效能；也可以減少各種不利問題點的產生，可以說是一種很好的操作軟體工具。

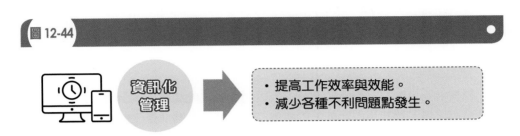

圖 12-44

・提高工作效率與效能。
・減少各種不利問題點發生。

資訊化
管理

六、速度管理

　　面對外部環境的巨變，公司必須加快速度，提出應變策略及作法，把環境變化的不利點降到最低。

　　這就是「速度管理」，不管是新品開發、門市應變、業務應變、行銷應變、服務應變、生產應變、採購應變、通路應變等措施，都必須運用「速度管理」，來加速決策及加速應變。

　　有了「速度管理」就可以減少公司不利問題點的產生，並且可以有效解決各項重大問題點。

圖 12-45

速度
管理

・加速應變，解決重大不利問題點。

七、預算管理

　　公司應該建立預算管理制度，亦即，公司每月、每年都應該編出它的損益表預算數字，然後，以每月實際的損益數字去跟預算目標數字做比較，才能看出每月的實際業績如何，是達到目標或是沒有達到目標。

　　在執行預算管理的狀況下，比較不會發生不利的問題點，大家都可以依循損益表的預算而前進。

圖 12-46

預算管理 ➡ ・可以減少公司發生不利的問題點。

八、績效管理

現在很多企業都採行績效考核的管理制度，在此制度下，全體員工比較會認真、用心工作，都想爭取比較好的績效成果，然後有利於員工的加薪與升遷。因此，嚴格執行績效管理考核制度的公司，將可以減少不利問題點的發生。

圖 12-47

績效管理 ➡ ・減少公司不利問題點發生。
・亦可以有效解決重大不利問題點。

九、創新管理

「創新管理」是對比著公司的「守舊管理」，唯有創新，公司才能持續進步，而守舊只會導致產生更多的不利問題點。因此，進步的公司，一定堅持不斷創新、不斷革新，然後，全面提升公司全方位競爭力，也才是徹底解決公司不利問題點的根源。

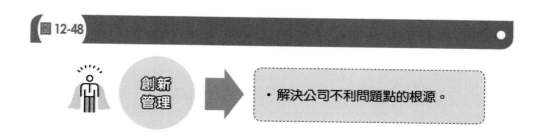

圖 12-48

創新管理 ➡ ・解決公司不利問題點的根源。

十、激勵管理

公司全體員工都須要被激勵、被獎勵,包括:金錢面的物質獎勵,以及心理面的精神獎勵。

透過各種及時的激勵管理,必可以激發全體員工的工作潛能及意願,然後,就可以把各種工作做得更好、更快、更成功。因此,好的激勵管理確實可以減少公司不利問題點的產生,亦是解決問題的有力作法。

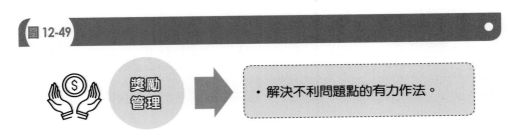

圖 12-49

獎勵管理 → ・解決不利問題點的有力作法。

十一、數字管理

沒有數字,就沒有管理,所以公司及全體員工,都要建立一種對「數字管理」敏銳及堅持的觀念與力行。

而從「數字管理」中,也可以養成發現問題、分析問題、與解決問題的一種能力與思維;如此,公司就可以減少不利問題點的產生。因此,人人「數字管理」就可以早期發現問題與解決問題。

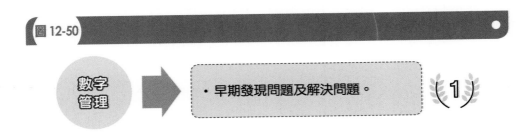

圖 12-50

數字管理 → ・早期發現問題及解決問題。 (1)

十二、目標管理

全球管理學祖師彼得 · 杜拉克,在 1960 年代早就提出企業管理的第一項工作,就是要做好「目標管理」。提到企業營運,每個部門都要建立自己的工作目標,然後,依此目標,每天努力向前,如期如質的達成訂定的目標。

如果,每個單位都能徹底做好他們的「目標管理」,那麼,企業就可以大大減少不利問題點的發生。

圖 **12-51**

目標
管理

· 大大減少公司不利問題點的發生。

圖 **12-49** 企業解決問題與提高經營績效的 12 種管理模式

1 | 做好：走動式管理	**5** | 做好：資訊化管理	**9** | 做好：創新管理
2 | 做好：現場管理	**6** | 做好：速度管理	**10** | 做好：激勵管理
3 | 做好：開會管理	**7** | 做好：預算管理	**11** | 做好：數字管理
4 | 做好：SOP 管理	**8** | 做好：績效管理	**12** | 做好：目標管理

12-6 提高經營績效與解決問題的企業經營 16 化

企業如果能做到下列的「企業經營 16 化」，就必能有效提高它的經營績效及解決大部分的不利問題點，如下：

圖 12-52

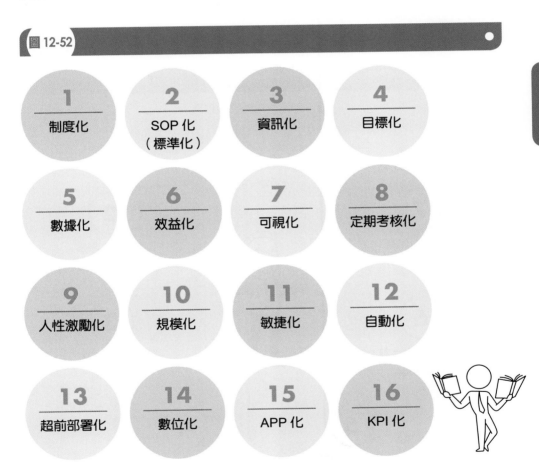

1 制度化	**2** SOP 化（標準化）	**3** 資訊化	**4** 目標化
5 數據化	**6** 效益化	**7** 可視化	**8** 定期考核化
9 人性激勵化	**10** 規模化	**11** 敏捷化	**12** 自動化
13 超前部署化	**14** 數位化	**15** APP 化	**16** KPI 化

美國知名管理大師柯林斯（Jim Collins），最近，曾提出企業要創造高績效與解決大部分問題點的 7 大要因，如下圖示：

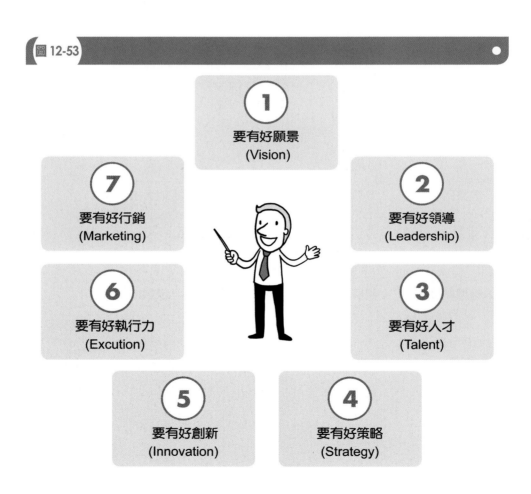

圖 12-53

1 要有好願景 (Vision)

2 要有好領導 (Leadership)

3 要有好人才 (Talent)

4 要有好策略 (Strategy)

5 要有好創新 (Innovation)

6 要有好執行力 (Excution)

7 要有好行銷 (Marketing)

Chapter 13

解決問題完整過程的七個階段及 23 項重點

總結解決問題的完整過程，包括七個邏輯階段力及 23 項重點內容，如下圖所示：

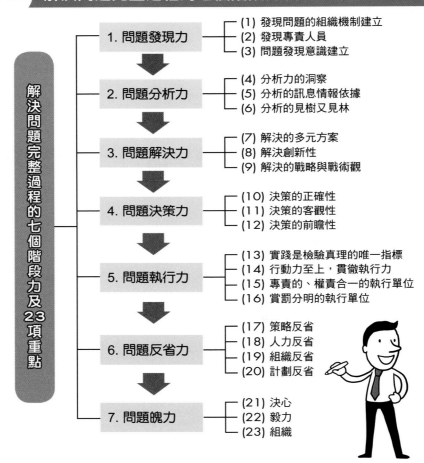

圖 13-1　解決問題完整過程的七個階段力及 23 項重點

解決問題完整過程的七個階段力及 23 項重點

1. 問題發現力
- (1) 發現問題的組織機制建立
- (2) 發現專責人員
- (3) 問題發現意識建立

2. 問題分析力
- (4) 分析力的洞察
- (5) 分析的訊息情報依據
- (6) 分析的見樹又見林

3. 問題解決力
- (7) 解決的多元方案
- (8) 解決創新性
- (9) 解決的戰略與戰術觀

4. 問題決策力
- (10) 決策的正確性
- (11) 決策的客觀性
- (12) 決策的前瞻性

5. 問題執行力
- (13) 實踐是檢驗真理的唯一指標
- (14) 行動力至上，貫徹執行力
- (15) 專責的、權責合一的執行單位
- (16) 賞罰分明的執行單位

6. 問題反省力
- (17) 策略反省
- (18) 人力反省
- (19) 組織反省
- (20) 計劃反省

7. 問題魄力
- (21) 決心
- (22) 毅力
- (23) 組織

各位讀者、上班族朋友們，以及各位老闆與高階決策主管們，請您們務必切記上述的架構。當面對公司任何經營管理問題或事先看到更遠的未來時，請運用這七項「觀念法寶」。這七項重要觀念能力是：

1. 問題發現力
2. 問題分析力
3. 問題解決力
4. 問題決策力
5. 問題執行力
6. 問題反省力
7. 問題魄力

　　這七項重要觀念能力的前六項，都是有邏輯可循的，也是要依此邏輯做事。

換言之：

1. 若沒有問題發現，就沒有問題分析。
2. 若沒有好的問題分析，就沒有好的問題解決方案。
3. 若沒有好的問題解決方案，就不能顯示出正確的決策力。
4. 若沒有正確的決策力，那麼執行力也是枉然，既浪費錢財、浪費人力，又浪費時間 (Lose money, lose manpower, and lose time)。
5. 若沒有強有力的執行力貫徹，就不會有成果出來。
6. 對執行成果要有反省力，曾子曰：「吾日三省吾身」，我們應反省我們是不是在正確的方向、路途。
7. 最後，很重要的，就是問題的魄力。這是上述一～六項共同的條件要求，及共同具備的。魄力的內涵，就是具有「決心」、「毅力」與「膽識」。這也是任何大企業集團的老闆或高階主管應具有的領導特質。若一個人沒有魄力，就不可能開創什麼江山版圖。因此，高階主管應具備策略魄力、用人魄力、投資魄力、營收目標成長魄力、研發魄力、行銷魄力……等。

戴國良博士
圖解系列專書

工作職務	適合閱讀的書籍
行銷類 行銷企劃人員、品牌行銷人員、PM產品人員、數位行銷人員、通路行銷人員、整合行銷人員等職務	1FRH 圖解行銷學　　3M37 成功撰寫行銷企劃案 1F2H 超圖解行銷管理　1FSP 超圖解數位行銷 1FSH 超圖解行銷個案集　3M72 圖解品牌學 3M80 圖解產品學　　1FW6 圖解通路經營與管理 1FW5 圖解定價管理　　1FTG 圖解整合行銷傳播
企劃類 策略企劃、經營企劃、總經理室人員	1FRN 圖解策略管理 1FRZ 圖解企劃案撰寫 1FSG 超圖解企業管理成功實務個案集
人資類 人資部、人事部人員	1FRM 圖解人力資源管理
財務管理類 財務部人員	1FRP 圖解財務管理
廣告公司 廣告企劃人員	1FSQ 超圖解廣告學
主管級 基層、中階、高階主管人員	1FRK 圖解管理學 1FRQ 圖解領導學 1FRY 圖解企業管理（MBA學） 1FSG 超圖解企業管理個案集 1F2G 超圖解經營績效分析與管理
會員經營類 會員經營部人員	1FW1 圖解顧客關係管理 1FS9 圖解顧客滿意經營學

  五南文化事業機構 WU-NAN CULTURE ENTERPRISE

  f 五南財經異想世界

106臺北市和平東路二段339號4樓 TEL：(02)2705-5066轉824、889 林小姐

戴國良博士
大專教科書

工作職務	適合閱讀的書籍
行銷類 行銷企劃人員、品牌行銷人員、PM產品人員、數位行銷人員、通路行銷人員、整合行銷人員等職務	1FP6 行銷學　　　　1FPL 品牌行銷與管理 1FI7 行銷企劃管理　1FI3 整合行銷傳播 1FSM 廣告學　　　　1FRS 數位行銷 1FPD 通路管理　　　1FQC 定價管理 1FQB 產品管理　　　1FS6 流通管理概論 1FP4 行銷管理實務個案分析
企劃類 策略企劃、經營企劃、總經理室人員	1FAH 企劃案撰寫實務 1FI6 策略管理實務個案分析
人資類 人資部、人事部人員	1FRL 人力資源管理
主管級 基層、中階、高階主管人員	1FPA 一看就懂管理學 1FP2 企業管理 1FPS 企業管理實務個案分析 1FI6 策略管理實務個案分析
會員經營類 會員經營部人員	1FRT 顧客關係管理

五南文化事業機構
WU-NAN CULTURE ENTERPRISE

f 🔍 五南財經異想世界 ✕

106臺北市和平東路二段339號4樓
TEL：(02)2705-5066轉824、889 林小姐

國家圖書館出版品預行編目(CIP)資料

超圖解問題分析、解決與決策管理 / 戴國良
著. ーー初版. ーー臺北市：五南圖書出版股
份有限公司, 2023.07
　　面；　公分
ISBN 978-626-366-132-5 (平裝)
1.CST: 決策管理 2.CST: 企業管理 3.CST: 思考
494.1　　　　　　　　　　112007928

1FQW

超圖解問題分析、
解決與決策管理

作　　　者	戴國良
發 行 人	楊榮川
總 經 理	楊士清
總 編 輯	楊秀麗
主　　　編	侯家嵐
責 任 編 輯	侯家嵐
文 字 校 對	葉瓊瑄
內 文 排 版	張淑貞
封 面 完 稿	陳亭瑋
出 版 者	五南圖書出版股份有限公司
地　　　址	106臺北市大安區和平東路二段339號4樓
電　　　話	(02)2705-5066　　傳　真：(02)2706-610
網　　　址	https://www.wunan.com.tw
電 子 郵 件	wunan@wunan.com.tw
劃 撥 帳 號	01068953
戶　　　名	五南圖書出版股份有限公司
法 律 顧 問	林勝安律師
出 版 日 期	2023年7月初版一刷
定　　　價	新臺幣450元

經典永恆・名著常在

五十週年的獻禮——經典名著文庫

五南，五十年了，半個世紀，人生旅程的一大半，走過來了。

思索著，邁向百年的未來歷程，能為知識界、文化學術界作些什麼？

在速食文化的生態下，有什麼值得讓人雋永品味的？

歷代經典・當今名著，經過時間的洗禮，千錘百鍊，流傳至今，光芒耀人；

不僅使我們能領悟前人的智慧，同時也增深加廣我們思考的深度與視野。

我們決心投入巨資，有計畫的系統梳選，成立「經典名著文庫」，

希望收入古今中外思想性的、充滿睿智與獨見的經典、名著。

這是一項理想性的、永續性的巨大出版工程。

不在意讀者的眾寡，只考慮它的學術價值，力求完整展現先哲思想的軌跡；

為知識界開啟一片智慧之窗，營造一座百花綻放的世界文明公園，

任君遨遊、取菁吸蜜、嘉惠學子！